간편 핸드북

국산 로봇착유기 운영
Q&A

농촌진흥청
국립축산과학원

발간사

낙농업은 기원전 6,000년경 메소포타미아에서부터 기록을 찾아볼 수 있을 정도로 인류와 함께한 역사가 깊습니다. 오랜 역사에도 불구하고 낙농업은 축산업 중에서 가장 어려운 분야로 인식되고 있습니다. 그 이유로는 착유라는 작업이 한 몫을 하고 있습니다. 착유는 숙련된 관리자가 매일 2회 같은 시간에 해야만 하는데 하루도 거를 수 없어 '부모님이 돌아가셔도 소 젖은 짜야 한다.'는 말이 있을 정도입니다.

인간이 젖소를 기르기 시작한 초기에는 손으로 착유를 했으나, 농가에서 사육하는 젖소의 수가 늘어나고 기계가 발달하면서 착유작업도 기계화, 자동화, 무인화의 형태로 발전을 거듭해 왔습니다. 진공압을 이용한 바켓식, 파이프라인, 헤링본, 텐덤, 로터리 시스템까지 등장했고, 최근에는 사람이 없어도 착유할 수 있는 최첨단 자동착유시스템, 일명 로봇착유기가 개발돼 전 세계에 보급되고 있습니다.

국내에서도 낙농업이 규모화와 경영주의 고령화에 따라 노동력 절감을 위해 로봇착유기가 도입되고 있으며, 2023년 기준 전체 착유시스템의 2.3%를 차지하고 있습니다. 국립축산과학원은 디지털 낙농 실현과 노동력 절감을 위해 국산 로봇착유기 개발에 성공했으며, 현재까지 12대를 농가에 보급했습니다.

국산 로봇착유기는 구매가격이 외산 대비 60% 수준이고, 유지관리 비용은 70% 내외로, 초기 투자비와 운영비용을 절감할 수 있는 장점이 있습니다. 그러나 아직은 국산 로봇착유기의 성능, 설치 전 준비사항, 젖소 적응훈련 등에 관한 자료가 부족해 농가의 설치와 운영에 시행착오를 겪고 있습니다. 이러한 현장의 어려움을 해결하기 위해 "국산 로봇착유기 운영 Q&A"를 책자로 발간하게 되었습니다. 이 책자가 국산 로봇착유기의 설치를 희망하는 낙농가에 꼭 필요한 정보를 제공하는 안내서가 되길 바랍니다. 그리고 책자 발간에 귀중한 자료를 제공해 주시고 집필을 위해 수고한 모든 분들에게 심심한 감사의 말씀을 드립니다.

2024. 5.
국립축산과학원장 임 기 순

Contents

제1장
로봇착유기 일반사항

1. 일반착유와 로봇착유의 차이
- Q1 일반착유와 로봇착유의 차이는 무엇인가요? ... 11
- Q2 로봇착유기 도입 시 장·단점은 무엇인가요? ... 12
- Q3 로봇착유기 설치 전·후 생산성에 변화가 있을까요? ... 13

2. 국산 로봇착유기의 특징 및 만족도
- Q4 국산과 외산 로봇착유기의 차이점은 무엇이 있을까요? ... 15
- Q5 로봇착유기 설치 및 유지비용은 얼마인가요? ... 16
- Q6 운영 만족도는 어떤가요? ... 18
- Q7 운영에 따른 애로사항은 주로 무엇인가요? ... 19

제2장
국산 로봇착유기 설치·운영 전 준비사항

1. 국산 로봇착유기 설치 전 고려사항
- Q8 도입 시 무엇을 고려해야 하나요? ... 23
- Q9 착유기 운영에 적합한 착유두수는 몇 두인가요? ... 24
- Q10 운영 시 영양·사양관리를 변경해야 할까요? ... 25
- Q11 착유기에서 급여하는 사료가 별도로 있을까요? ... 26

2. 국산 로봇착유기 설치 전 우사 시설 준비사항
- Q12 우사 내 위치 선정과 부지면적은 어떻게 하나요? ... 28
- Q13 기반공사의 종류와 비용은 얼마인가요? ... 29
- Q14 효율적 운영을 위해 우사의 시설 배치는 어떻게 하나요? ... 30
- Q15 여름철 또는 겨울철 대비 필요한 시설이 있나요? ... 33

3. 국산 로봇착유기 운영 전 젖소 준비사항

- **Q16** 모든 기존 착유우가 로봇착유기에서 착유할 수 있나요? — 35
- **Q17** 젖소의 외모관리가 필요한가요? — 36
- **Q18** 유두배열의 불량, 잦은 발길질 및 유방염이 있는 개체는 어떻게 하나요? — 37

제3장
국산 로봇착유기 설치 후 운영

1. 국산 로봇착유기 적응훈련
- **Q19** 착유우의 적응을 위한 훈련 방법과 훈련 기간은 어떻게 되나요? — 41
- **Q20** 예민한 소를 위한 적응훈련 방법이 있나요? — 43
- **Q21** 착유우를 유도하는 방법이나 필요한 시설이 있나요? — 44
- **Q22** 적응훈련 후에도 착유기에 방문하지 않는 경우 어떻게 해야 하나요? — 46

2. 국산 로봇착유기 운영 및 유질·생산성
- **Q23** 착유횟수와 착유간격은 어느 정도가 적정하고, 유질과 유량에 어떤 영향을 미치나요? — 48
- **Q24** 유량에 따라 착유횟수를 조절할 수 있나요? — 49
- **Q25** 1두당 1회 착유에 걸리는 시간은 어느 정도인가요? — 50
- **Q26** 착유 실패 비율은 어느 정도이며, 그 원인은 무엇인가요? — 50
- **Q27** 착유한 원유의 품질은 자동으로 관리할 수 있나요? — 51
- **Q28** 운영초기 유질 저하의 원인이 무엇이고, 이에 대한 대응방안이 있나요? — 52
- **Q29** 우사 바닥, 장비 등 위생관리를 철저히 해야 하는 이유는 무엇인가요? — 52

Contents

3. 국산 로봇착유기의 데이터 생산 및 이용

- Q30 어떤 데이터가 수집되고, 얼마나 정확한가요? — 54
- Q31 수집 데이터는 어떻게 이용하고, 유질 등 이상 여부는 어떻게 확인하나요? — 55
- Q32 실시간 정보는 휴대폰으로도 확인할 수 있나요? — 56
- Q33 데이터나 프로그램은 관련 전문지식이 필요한가요? — 57
- Q34 수집한 데이터의 관리는 누가하고, 타 농가와 공유나 비교가 가능한가요? — 57

4. 기타

- Q35 홀스타인종보다 체구가 작은 저지종도 착유할 수 있나요? — 59
- Q36 착유우의 도태원인은 무엇인가요? — 60
- Q37 로봇착유, 우유관 세척 등이 관리자 없이 자동으로 가능한가요? — 60
- Q38 젖소의 섭취나 착유 행동에 영향이 있나요? — 61
- Q39 유우군 능력검정사업에 참여할 수 있나요? — 62
- Q40 건유연고 삽입과 같은 관리가 가능한가요? — 63

제4장 긴급 대응 (A/S) 및 기타

1. 국산 로봇착유기 안전

- Q41 안전사고 예방을 위한 장치가 있나요? — 67

2. 국산 로봇착유기 A/S 및 주요사례

- Q42 A/S 문의는 어디로 하나요? — 69

Q43 A/S 센터와 거리가 먼 농가에서 신속한 대응이 필요할 경우 ———— 69
　　　어떻게 하나요?

Q44 로봇착유기가 갑자기 작동을 멈추면 어떻게 해야 하나요? ———— 70

Q45 자주 발생하는 긴급 대응 사례는 무엇이 있나요? ———————— 70

Q46 주요 고장이나 오작동 사례는 무엇인가요? ————————————— 71

Q47 기술적인 요인으로 인해 개선이 불가능한 결함요인이 있나요? ——— 73

3. 국산 로봇착유기 유지·보수

Q48 로봇착유기의 수명은 얼마나 되나요? ———————————————— 75

Q49 기본 점검사항과 설치업체의 정기점검 주기는 어떻게 되나요? ——— 76

Q50 주요 소모품 및 교체주기는 어떻게 되나요? ———————————— 79

4. 국산 로봇착유기 교육 및 컨설팅

Q51 필요한 교육 및 컨설팅은 어디서 하나요? ——————————————— 81

참고문헌 ————————————————————————————————— 82

제1장
로봇착유기 일반사항

1. 일반착유와 로봇착유의 차이
- **Q1** 일반착유와 로봇착유의 차이는 무엇인가요?
- **Q2** 로봇착유기 도입 시 장·단점은 무엇인가요?
- **Q3** 로봇착유기 설치 전·후 생산성에 변화가 있을까요?

2. 국산 로봇착유기의 특징 및 만족도
- **Q4** 국산과 외산 로봇착유기의 차이점은 무엇이 있을까요?
- **Q5** 로봇착유기 설치 및 유지비용은 얼마인가요?
- **Q6** 운영 만족도는 어떤가요?
- **Q7** 운영에 따른 애로사항은 주로 무엇인가요?

**국산 로봇착유기 운영
Q&A**

제1장
로봇착유기 일반사항

1 일반착유와 로봇착유의 차이

2 국산 로봇착유기의 특징 및 만족도

Q1 일반착유와 로봇착유의 차이는 무엇인가요?

- 젖소를 길러 우유를 얻기 시작한 초기에는 주로 손으로 착유작업이 진행되어 왔고, 그 후 농가에서 사육하는 젖소의 수가 늘어나면서 손으로 착유하기가 힘들어짐에 따라 진공압을 이용한 착유로 개선되었다. 이와 같은 일반착유는 사람에 의해 하루 2회 이상 기본적인 착유가 이루어진다.
- 반면 로봇착유는 로봇착유기(Robot Milker; 일명 자동 착유 시스템, Automatic milking system, AMS)를 이용하며, 사람의 개입 없이 착유우가 착유시설로 스스로 들어가서 착유를 하게 된다.
- 일반착유와 로봇착유는 다음과 같은 차이가 있다.

참고 일반착유와 로봇착유의 주요 차이점

구 분	일반착유	로봇착유
착유 장비	• 바켓식, 헤링본, 텐덤 등 착유 시스템 이용	• 로봇팔, 착유장비, 유도시설 및 추가장비 등으로 구성된 자동 착유 시스템(Automatic milking system, AMS), 즉 로봇착유기 이용

착유 환경	• 동시에 다수의 착유우가 착유실에서 착유	• 단일 착유스톨에서 한 마리씩 착유
		– 낯선 환경에서 우군과 분리되어 착유
		  * 로봇착유기에 진입 및 착유 시 급성 스트레스 증상이 나타남
		  * 배변, 배뇨, 발성 및 움직임(발차기)의 증가

착유 관리	• 관리자에 의한 착유 – 사람과의 상호작용으로 스트레스와 두려움이 낮음	• 로봇에 의한 착유 – 우군과 관리자와 함께하는 착유에 익숙한 소는 로봇착유로의 전환이 스트레스임 – 반면, 젖소가 착유하고 싶을 때 착유하므로 동물 복지적이라는 의견도 있음
착유 주체	• 인위적 착유 – 2~3회/일	• 자발적 착유 – 착유스톨 내 농후사료 급여로 착유 유도 – 1일 3회 내외 착유로 유량이 증가함

Q2 로봇착유기 도입 시 장·단점은 무엇인가요?

- 로봇착유기는 하루에 2회 이상 착유하는 작업에서 낙농가를 해방시켰다는 점에서 매우 획기적이라 할 수 있다. 그러나 모든 것을 로봇착유기에 맡겨 두고 관리를 소홀히 한다면 체세포수, 번식, 발굽, 사료섭취량 등에 문제가 생길 수 있다.

- 로봇착유기는 실시간 착유 정보가 통합관리 프로그램에 수집되는데, 관리자는 수집한 정보를 매일 수시로 확인하고 점검해야 한다. 착유를 하지 않거나, 체세포수가 높은 소 등을 매일 수시로 파악하고 필요한 조치를 취해야 한다.

- 낙농가는 로봇착유기로 무인 자동 착유와 다양한 정보를 수집하고 그 정보를 받아 목장 경영을 어떻게 더 효율적으로 할 것인지에 대해 고민해야 한다. 로봇착유기 설치를 희망하는 농가에서는 아래에 제시한 로봇착유기의 장·단점을 잘 파악하여 로봇착유기 설치여부를 신중하게 접근해야 한다.

참고 - 로봇착유기 도입 시 장점과 단점

장 점	단 점
• 힘든 육체적 노동에서 해방 • 여유 노동력을 이용한 체험목장 운영 등 고부가 가치 창출 • 착유횟수 증가로 산유량 증가 • 각종 다양한 수집정보의 활용으로 과학적인 사양관리가 가능 • 체세포수에 대한 영향은 감소와 증가 의견이 상존함 • 대기장, 착유실 소요면적이 적음 • 젖소 생체정보 이용이 가능하여 정밀한 젖소관리가 가능	• 로봇 1대당 착유우 50두 내외 이용이 가능하므로 50두 이상 착유 시 로봇착유기 추가 설치 문제 대두 • 착유로봇 관리 및 컴퓨터 능숙 필요 • 값이 비싸서 경제성을 고려해야 함(1대 설치 시 3억 5천~4억 5천 필요) • 고장 시 신속한 A/S가 지원되지 않을 경우 유방염 등 피해 우려 • 로봇착유기에 대한 적응기간이 필요하고 적응하지 않은 소는 도태해야 함

Q3 로봇착유기 설치 전·후 생산성에 변화가 있을까요?

- 일반적으로 로봇착유기의 설치는 착유 노동의 부담을 감소하고, 유량을 증가시키며, 젖소 개체의 능력을 개선하는 것으로 알려져 있다. 또, 로봇착유 시스템 이용 시 유량이 2~25%의 범위에서 증가한다고 하였다.

- 로봇착유 시스템과 유량 사이의 양적 관계는 로봇착유 시 1일 착유횟수의 증가에서 비롯될 수 있다. 선행 연구 중 일부 연구에서 관행 착유기를 이용한 2회/일 착유와 비교하여 로봇착유기로 2회 이상 착유하는 경우 유량이 12% 이상 증가한다고 보고하였다. 반면 다른 연구에서는 로봇착유기로 2회 이상 착유 시 유량의 증가는 없었다고 하였다.

- 국산 로봇착유기 운영 농가의 생산성은 젖소 두당 착유횟수가 평균 2.8회로 증가하면서 유량이 평균 15~30% 정도 상승하였다.

국산 로봇착유기 운영 Q&A

제1장
로봇착유기 일반사항

1. 일반착유와 로봇착유의 차이

2. 국산 로봇착유기의 특징 및 만족도

Q4 국산과 외산 로봇착유기의 차이점은 무엇이 있을까요?

● 국산 로봇착유기와 국내 보급된 외산 로봇착유기의 운영 및 구성요소에 있어서 차이점은 다음과 같다.

참고 ❶ 국산 및 외산 로봇착유기의 운영 차이

국 산	외 산
• 주요 부품이 국내 생산되거나 일반 부품 사용으로 유지 보수 비용 저렴	• 소모품 및 착유기 부품의 고가에 따른 유지 보수 비용이 높음
• 우사 환경 및 농가 특성에 맞추도록 기계적인 운영 선택 폭이 넓음 * 예, 세척컵, 분뇨 스크래퍼, 가이드훅 등	• 안정화된 운용 방식 제공 • 농가의 사정에 따른 운용 선택 폭이 적음
• 농가의 요청에 따른 운용 기능 개발 * 훈련모드, 출산 후 유량제한, 소 대기 등	• 착유기 운용에 있어 농가별 기능 선택 불가
• 기술 개발 및 업데이트 지속 • 외산 대비 안정성이 낮아 통합콜센터에서 24시간 모니터링 관제	• 검증된 착유기 안정성
• 도태율 5~15% • 유두인식 기술의 지속적 개발 : 붙은 유두, 휘어진 유두 및 벌어진 유두에 대해서도 장착 가능	• 도태율 15~30% • 유두 배열 불량 및 착유컵 장착의 기계적 한계가 있는 개체의 도태

● 로봇착유기의 유두인식기술이 국산과 외산 모두 레이저와 카메라를 이용한다는 점에서 같으며, 적정 착유두수, 유두세척, 착유 유도방식 등은 아래와 같은 차이가 있다.

참고 ❷ 국산과 외산 로봇착유기의 구성요소에 있어서 차이점

제조사	적정 착유두수	유두감지	유두세척	유도방식
Lely(네델란드)	65두	레이져 + 2D카메라	롤러 브러쉬	자유
DeLaval(스웨덴)	60두	레이져 + 3D 뎁스카메라	별도 세척컵	강이우선
Insentec(네델란드)	90두(착유스톨 2대)	레이져 + 2D카메라	별도 세척컵	자유
Dairy Bot K1(국산)	50두	3D 뎁스카메라	별도 세척솔	강이우선

Q5 로봇착유기 설치 및 유지비용은 얼마인가요?

- 로봇착유기의 구입가격은 제품과 부대품 등의 선택사항에 따라 차이가 있다. 외산 로봇착유기의 대략적인 판매가격은 4억 원 내외이지만, 국산 로봇착유기는 현재 2.4억 정도로, 외산 대비 가격적 측면에서 유리하다.
- 로봇착유기는 고가이고 다양한 기술, 기기 및 센서 등으로 구성되어 복잡하므로 설치한 후에는 유지 관리가 매우 중요하다. 로봇착유기 설치 시 기본항목의 제공 여부 및 부품의 교환주기를 고려하도록 한다.

참고 국산과 외산 로봇착유기의 착유성능 비교

제조사	데어리봇(국산)	LELY(네덜란드)	DeLaval(스웨덴)	SAC(덴마크) *Double stall
대당가격	2.4억 원	4~4.1억 원	3.8~4억 원	4~4.1억 원
유지보수 계약비용	500만 원/년	770만 원/년	550만 원/년	-

참고 국산 로봇착유기 설치 시 기본항목 및 제공 여부

항목	제공 여부
• 착유기 본체(착유기 본체 및 틀)	기본 제공
• 에어 콤프레샤 및 드라이어	기본 제공
• 버퍼탱크	기본 제공
• 체세포 측정기	기본 제공
• 냉각기	설치 필요(기존 냉각기 사용 시 호환 제어기 무료 제공)
• 스마트 게이트	옵션
• 착유기 입장 대기장 및 출구	기본 제공
• 착유기 급이 이송 라인	기본 제공

국산 로봇착유기 구성요소 기술

착유기 본체

착유 스톨

사료자동급이

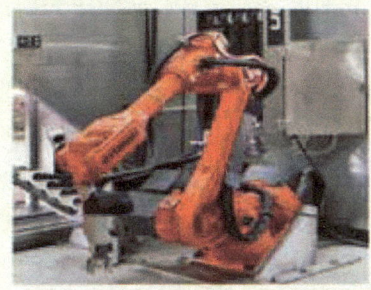
로봇팔

3D 카메라 이용 유두감지

유량 측정

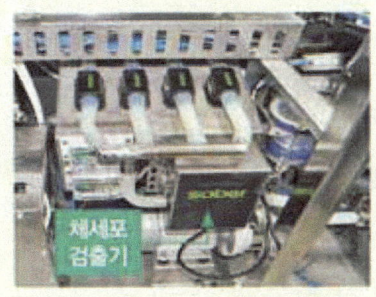
유질 검사 및 분리 착유

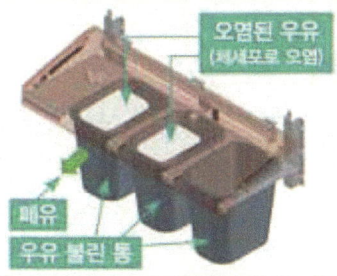

착유컵

Q6 운영 만족도는 어떤가요?

◎ 국산 로봇착유기 운영에 대한 농가의 만족도는 노동력 절감, 유량 및 사용 측면의 만족도는 좋았으나, 기능적 측면의 만족도는 보통이었으며 이에 대한 개선 현황은 아래와 같다.

- **착유컵 장착시간**: 외산 착유기에 비해 장착시간이 다소 느린 단점이 있다. 로봇착유기에 적응이 안 된 개체는 움직이거나 발차기로 착유컵이 떨어지거나 오부착하여 장착 지연이 발생하기도 한다. 그러나 유두 배열이 좋지 않은 개체(붙은 유두, 휘어진 유두)도 착유컵의 장착이 가능하다는 장점이 있다. 현재 착유컵의 장착 시간을 단축하기 위한 유두 세척, 유두 인식 등의 개선 기술을 개발하고 있으며, 착유컵의 떨어짐을 방지하기 위한 기술도 개발 중이다.

- **착유시간**: 착유시간은 5~6분 내외로 외산 제품과 유사하다.

- **기계적 안정성**: 외산 제품에 비해 국산 로봇착유기의 안정성은 조금 떨어진다. 국내 농가 여건과 요구사항에 따른 기기와 프로그램의 지속적인 업데이트로 인해 기계적 안정성이 낮다. 이에 따른 피해를 줄이기 위해 24시간 관제팀 및 지역별 서비스지점을 운영하고 있다.

- **착유기 기능**: 외산 제품보다 다양한 기능을 제공하고 있어 이에 대한 농가의 만족도는 높은 수준이다. 농가의 사용상 편의를 위해 소 대기(소를 일정 시간 잡아두고 문자를 보냄), 송아지 분만 후 유량 제한, 분리 착유 알림, 착유기 휴지기간 알림, 편리한 우유 샘플링 등 기능을 제공하고 있다. 또한, 개체별 급이 및 착유 현황 등 정보 제공에 대해 좋은 평가를 받고 있다.

Q7 운영에 따른 애로사항은 주로 무엇인가요?

- 국산 로봇착유기의 운영 초기 소의 적응 훈련이 필요하고, 개체에 따라 적응기간이 최대 6개월 정도 소요될 수 있으므로 인내심이 필요하다. 특히 초산인 개체의 경우 로봇착유기에 대한 거부반응 없이 잘 적응할 수 있도록 유도해 주는 과정이 필요하다. 그러나 수개월이 지나도 부적응으로 자발적인 착유가 안 되는 개체는 도태를 고려한다.

- 국산 로봇착유기를 운영하는 농가의 실태조사에 따르면 운영상 빈번한 에러와 고장, 기기작동과 프로그램의 운영 및 소프트웨어 업그레이드로 어려움이 있다고 조사되었다. 이와 유사하게 국내 보급된 외산 로봇착유기 설치농가의 운영 실태 조사에서 기기작동과 프로그램 운영(31%), 자동착유 시스템 내에서 착유우의 관리·관찰(31%), 그리고 기계 에러와 고장(25%) 등이 주요 애로사항으로 조사되었다.

- 로봇착유기의 효율적 운영을 위해서는 로봇착유기의 복잡한 구성 장치, 운용 등에 대하여 기본지식을 가지고 운영해야 하며, 농가의 프로그램 활용능력이 어느 정도 가능하다는 것이 전제되어야 한다. 프로그램을 직접 운영하지 못하는 로봇착유 농가에서는 앞서 언급된 운영상 애로사항에 더 많이 노출될 수 있다. 따라서 로봇착유기 설치 전 또는 초기에 농가에서는 프로그램의 주요 내용 및 관리방법에 대해 숙지하는 것이 필요하다.

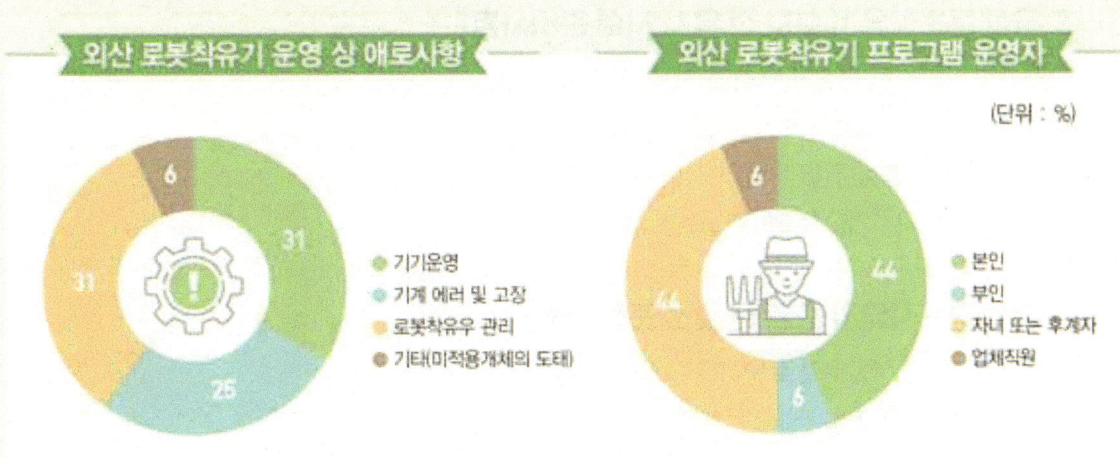

제 2 장
국산 로봇착유기
설치·운영 전 준비사항

1. 국산 로봇착유기 설치 전 고려사항
- **Q8** 도입 시 무엇을 고려해야 하나요?
- **Q9** 착유기 운영에 적합한 착유두수는 몇 두인가요?
- **Q10** 운영 시 영양·사양관리를 변경해야 할까요?
- **Q11** 착유기에서 급여하는 사료가 별도로 있을까요?

2. 국산 로봇착유기 설치 전 우사 시설 준비사항
- **Q12** 우사 내 위치 선정과 부지면적은 어떻게 하나요?
- **Q13** 기반공사의 종류와 비용은 얼마인가요?
- **Q14** 효율적 운영을 위해 우사의 시설 배치는 어떻게 하나요?
- **Q15** 여름철 또는 겨울철 대비 필요한 시설이 있나요?

3. 국산 로봇착유기 운영 전 젖소 준비사항
- **Q16** 모든 기존 착유우가 로봇착유기에서 착유할 수 있나요?
- **Q17** 젖소의 외모관리가 필요한가요?
- **Q18** 유두배열의 불량, 잦은 발길질 및 유방염이 있는 개체는 어떻게 하나요?

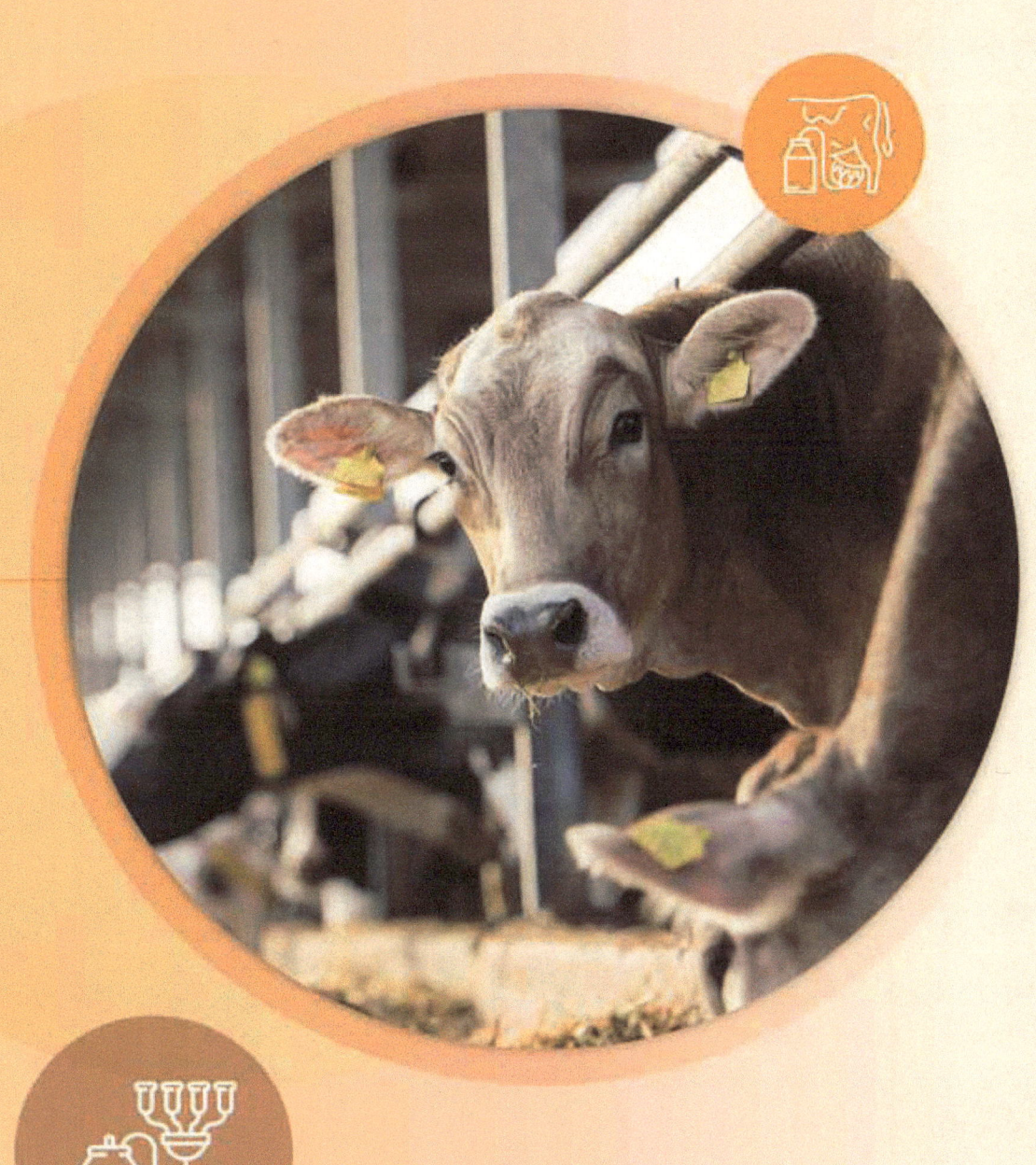

국산 로봇착유기 운영
Q&A

제2장
국산 로봇착유기 설치·운영 전 준비사항

1. 국산 로봇착유기 설치 전 고려사항

2. 국산 로봇착유기 설치 전 우사 시설 준비사항

3. 국산 로봇착유기 운영 전 젖소 준비사항

Q8 도입 시 무엇을 고려해야 하나요?

- 로봇착유기의 도입 시 초기 설치비용이 많이 투입되므로 다음과 같은 전제조건에 대해 충분한 고려가 필요하다.
  - 목장의 환경과 미래의 계획
  - 로봇착유기의 설치 목적 및 농장주 인식
  - 농가의 착유 규모 및 기술수준
  - 착유우군의 체계적인 개체관리에 대한 욕구 등

- 앞서 언급한 전제조건을 충분히 고려한 다음 농가의 사육여건에 따라 다음과 같은 사항을 검토하여 도입 여부를 결정하도록 한다.
  - 로봇착유기 관련 부대 품목 및 컴퓨터(프로그램) 사용에 관한 지식
  - 우사의 구조 및 운영형태 : 방사형구조(후리스톨), 휴식장과 급이장 분리
  - 목장의 전기공급 상황 : 자가발전기 설치 여부, 낙뢰지역 유무
  - 로봇착유에 유리한 개체(유두 배열, 유속 등) 및 착유이동 동선
  - 분뇨처리시스템 설치 및 바닥청소
  - 로봇착유기의 추가 설치 시 확장성
  - 설치비용 대비 경제적 효과와 그 정도

- 로봇착유기 운영으로 두당 유량은 증가하지만, 유두 배열 기형, 부적응 등에 따른 도태로 착유 두수가 줄어들 수 있으므로 농가의 수익 증대 및 로봇착유기의 도입 효과를 보기 위해서는 1대당 착유 두수는 최소 40두 이상이 되어야 한다.

- 로봇착유기는 24시간 가동에 따른 전력 소비('24년 기준 약 75만원/월) 및 기타 유지보수비가 발생한다. 따라서 투입비용 대비 유대수익에 따른 농가 손익을 살펴보고 구입을 결정해야 한다.

- 로봇착유기는 착유우의 자발적인 방문이 기본이므로 소의 움직임이 상시 정체되는 우사의 구조일 경우 로봇착유기의 설치에 앞서 구조적 개선이 필요하다.

Q9 착유기 운영에 적합한 착유두수는 몇 두인가요?

✓ 로봇착유기의 착유두수는 1대당 최대 60두 내외이지만 매회 착유 시 1두당 체류시간, 냉각기 등 세척시간 등을 고려해야 한다. 따라서 국산 로봇착유기 1대 운영 시 두당 1일 3회 착유를 기준으로 50두 정도가 적정하다. 또 스마트 게이트 설치 시 착유하지 않는 개체로 인한 대기 시간을 줄일 수 있으므로 로봇착유기의 착유 가동 효율이 증가할 수 있다.

✓ 착유성능에 있어서 국산과 외산 로봇착유기 간에는 차이가 없었다.

참고 국산과 외산 로봇착유기의 착유성능 비교

구분	두당 체류시간 (분/두/회)	1일 착유 가능 횟수 (회/일/대)	1일 두당 3회 착유시 대당 착유 가능두수 (두/일/대)	20% 여유률 적용시 착유 가능두수 (두/일/대)	30% 여유률 적용시 착유 가능두수 (두/일/대)
외산 (A)	7:34.3	190.2	63.4	50.7	44.4
국산 (B)	7:34.5	190.1	63.4	50.7	44.4
비율(%) (B/A)	100.04	99.95	100	100	100

Q10 운영 시 영양·사양관리를 변경해야 할까요?

- 일반 농가에서 착유우는 TMR(Total mixed ratio, 섬유질배합사료) 사양을 바탕으로 한다. 반면 로봇착유기 운영 시 부분 TMR(Partial TMR)과 농후사료를 이용한 사양관리로 전환되어야 한다. 즉, 로봇착유기는 착유우가 자발적으로 입장하도록 착유스톨 내에서 농후사료를 급여한다. 따라서 부분 TMR은 기존 TMR에서 우군의 착유 유도에 필요한 농후사료 급여량을 제외한 것을 의미한다. 또 로봇착유기 내 급여사료는 2~3종까지 선택할 수 있으며, 개체의 비유단계 및 유량에 따라 그 양을 조절할 수 있다.

- 농가에서 사양관리를 전환하는 경우와 마찬가지로 농후사료의 섭취량이 증가함에 따라 2주에 걸쳐 부분 TMR로 서서히 전환한다. 농후사료 급이기를 사용하는 농가의 경우 로봇착유기에서의 급이량을 제외하여 설정한다. 또, 로봇착유기 운영에 따라 유량이 증가하므로 이에 따른 영양 보충도 고려해야 한다.

- 개체별 농후사료의 급여량은 종합관리 프로그램의 개체정보에서 설정하고, 개체의 명호, 산차 및 분만일 등의 정보를 입력한다. 농가에서는 부분 TMR의 영양수준, 개체 유량 등을 고려하여 농후사료 급여량을 결정한다. 또한 1일 급여량은 착유횟수에 따라 회당 급여량을 설정하고, 잔량을 확인하여 건강 이상이나 급여량의 증감 여부를 고려한다.

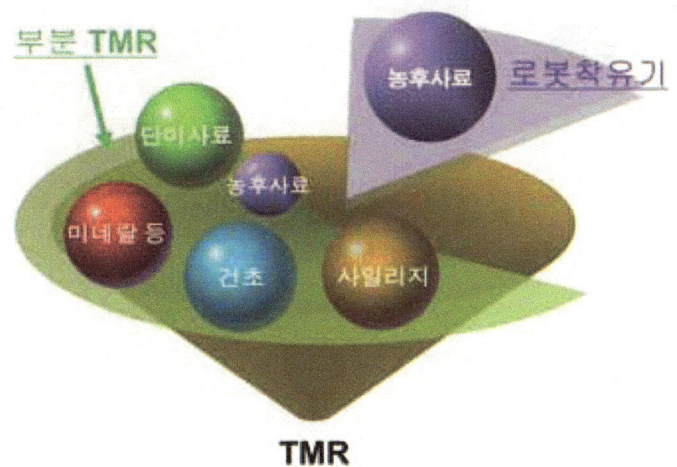

Q11
착유기에서 급여하는 사료가 별도로 있을까요?

- 로봇착유기 운영 시 착유우는 부분 TMR(Partial TMR)과 농후사료로 사양관리를 한다. 로봇착유기 내에서 2~3종의 사료를 급여할 수 있는데, 농후사료(일반착유우용, 에너지용 등), 첨가제 등을 필요에 따라 구입하여 개체별 사양관리에 활용할 수 있다.

- 최근 로봇착유기 전용 사료가 판매되고 있는데, 판매업체를 통해 사전에 충분히 검토한 후 이용하도록 하고, 2주 이상에 걸쳐 서서히 변경한다. 급격한 사료 변경은 젖소의 건강 이상, BCS 감소, 이등유[1] 등이 발생할 수 있다.

---

1 이등유 : 우유 품질을 판정하는 방법 중 알코올 검사에서 응집되는 우유

국산 로봇착유기 운영
Q&A

제2장
국산 로봇착유기 설치·운영 전 준비사항

1 국산 로봇착유기 설치 전 고려사항

2 국산 로봇착유기 설치 전 우사 시설 준비사항

3 국산 로봇착유기 운영 전 젖소 준비사항

Q12 우사 내 위치 선정과 부지면적은 어떻게 하나요?

◎ 로봇착유기의 설치 위치는 다음 사항을 고려하여 선정한다.

- **소들의 방문이 원활한 곳** : 착유기 위치는 우군의 착유기 접근성이 우선되어야 한다. 젖소의 이동 동선과 흐름을 고려해 자율적인 방문이 가능하도록 배치하여야 사람이 인위적으로 몰아서 착유하는 개체 수를 최소화할 수 있다.
- **냉각탱크와의 거리가 가까운 곳** : 우유 이송 라인이 짧을수록 비용이 절감됨
- **하수 및 분뇨처리를 위한 정화조 연결이 용이한 곳**
- **로봇착유기 내 자동급이기와 사료 오거의 연결이 용이한 곳**
- **추후 확장이 용이한 곳** : 궁극적인 확장 규모와 시기를 고려하여 확장계획 수립
- **동절기 맞바람이 들어오지 않는 곳** : 혹한기 로봇착유기나 각종 호스 등의 결빙에 대비해 착유기를 설치할 공간은 맞바람이 들어오지 않는 장소로 선정한다.

◎ 로봇착유기 설치에 필요한 최소면적은 약 41.25㎡이며, 이와 함께 냉각기, 사료빈 등 부대시설을 고려하여 소요 면적을 추정한다.

> 설치 최소 면적 : (높이) 3.8m × (길이) 7.5m × (폭) 5.5m

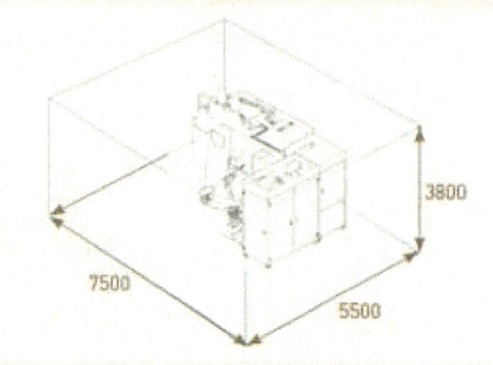

착유기 설치 면적

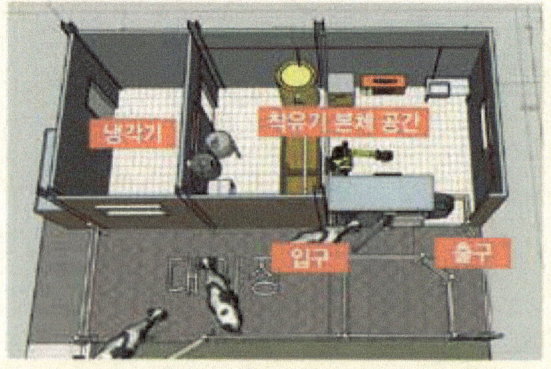

착유기 및 내·외부 모식도

Q13 기반공사의 종류와 비용은 얼마인가요?

- 로봇착유기 설치를 위해 농가는 기초토목공사, 전기시설공사 등을 직접 진행한다. 이에 관한 업체의 견적 비교를 통해 투입비용을 줄이도록 하고, 농가에서는 일반적으로 5천만 원 내외로 소요되며, 공사 규모에 따라 비용에 차이가 있을 수 있다.

- 먼저 기초 토목공사는 우사의 형태, 농장의 부지, 폐수 정화처리시설 등을 고려해야 하며, 필요한 시설을 누락하여 실질적인 운영에 문제가 없도록 한다. 착유실은 물 사용 시 고이는 현상이 없도록 바닥의 경사도, 미끄러짐 방지용 바닥재(우레탄 코팅 또는 타일), 지붕, 전등·전기, 수도, 배수로 등을 고려해야 한다. 냉각실에 배수로를 설치하고, 착유기 대기장과 입·출구는 개체의 유도로 및 개체를 가두기 위한 설비가 필요하기 때문에 바닥을 시멘트로 시공한다.

- 다음으로는 필요한 전력을 확보하기 위한 전기 시설 공사이다. 일반적으로 로봇착유기와 부대 장비의 전력 소모량을 고려하여 최소 10KW 이상이 공급될 수 있도록 하고, 3상 4선식 전압으로 준비한다(냉각기는 별도). 또 농가의 계절적 특성에 따라 냉난방이 필요한 경우 전력 소모량과 전압을 추가하여 설치한다.

- 이외 필수적인 부대장비는 농가의 상황을 고려하여 설치하도록 한다. 관련 부대장비로는 온수기, 예냉기, 냉각기, 공기압축기(컴프레서), 사료빈 등이 있다.

Q14
효율적 운영을 위해 우사의 시설 배치는 어떻게 하나요?

- 농가에서 로봇착유기를 효율적으로 운영하기 위해서는 우사 형태에 따라 시설을 배치하며, 우군의 착유기 접근이 쉬운 곳에 착유기를 설치한다. 착유기는 채식장 양 끝단에 설치되는 것이 기본이고, 채식장 뒤 공간은 보통 우군의 휴식공간이다. 채식장과 휴식공간이 넓은 경우 우군의 접근이 보다 많은 공간에 설치한다.

- 국내 농가의 우사형태인 깔짚 우사와 프리스톨 우사에서 로봇착유기의 시설은 아래의 배치도를 참고하여 배치하도록 한다. 예를 들어 착유두수 100두 규모인 경우 로봇착유기는 2대가 필요하고 우유 냉각기는 1대로 운용하는 착유시스템을 구성할 수 있다.

농가 우사형태별 로봇착유기 배치도

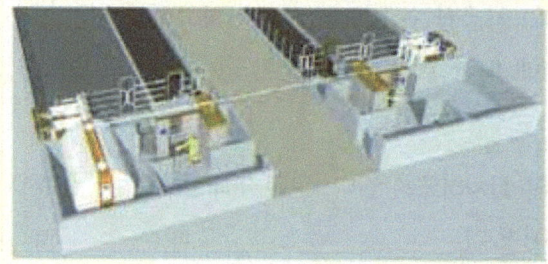
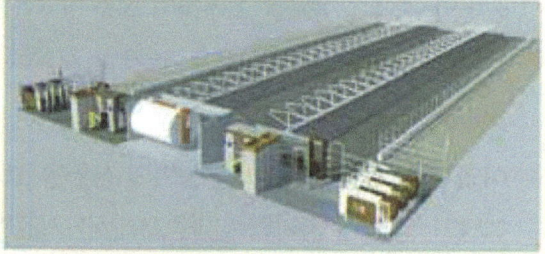
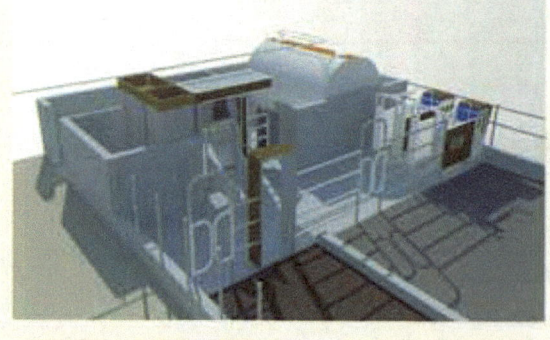

깔짚 우사용 배치도 | 프리스톨 우사용 배치도

스마트 게이트[2]를 설치하는 경우 착유하는 개체, 급이기로 사료를 섭취하는 개체 및 치료 중인 개체를 구분하여 진로를 선택하므로 로봇착유기의 입장 게이트 앞에 젖소가 모여 체류시간이 증가하는 현상을 완화할 수 있다. 또 농가의 급이기 보유 여부에 따라 착유기 시설 배치는 다음과 같다.

급이기가 없는 농가	급이기가 있는 농가

1-❶ 자유 개체 이동

- 사료로 착유기에 개체를 유도하며, 방문율은 사료의 기호성에 의존
- 설치가 간단
- 이미 착유한 개체의 재방문으로 체류시간 증가에 따른 착유기 효율 감소

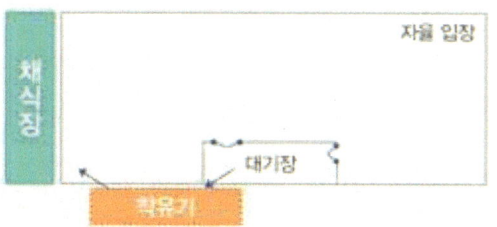

2-❶ 자유 개체 이동

- 사료로 착유기에 개체를 유도
- TMR 및 사료의 급이량 조절 필요
- 스마트 게이트와 급이기 설치 면적 필요

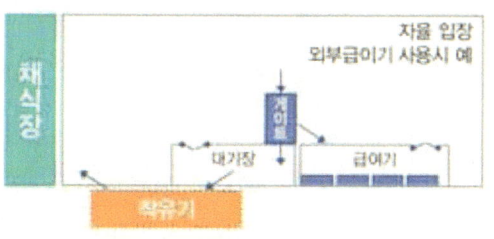

1-❷ 착유 우선 이동(Milking-First)

- 착유한 후 채식장으로 개체를 유도하며, 방문율은 1-❶보다 높고, TMR과 사료의 기호성에 의존
- 착유 지연 개체의 착유기 유도 가능
- 이미 착유한 개체의 재방문으로 체류시간 증가, 적응 기간 필요(1~2개월), 채식장 펜스 및 단방향 게이트 설치 필요

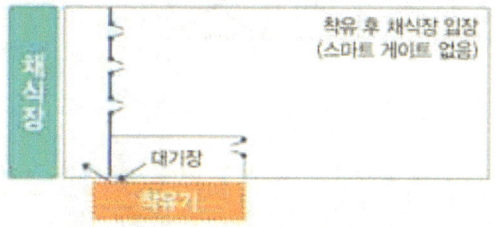

2-❷ 착유 우선 이동(Milking-First)

- 착유한 후 채식장으로 개체를 유도하며, TMR과 사료의 기호성에 의존, 착유기 효율 최대
- 스마트 게이트와 급이기 설치 면적 필요. 채식장 펜스 및 단방향 게이트 설치 필요.

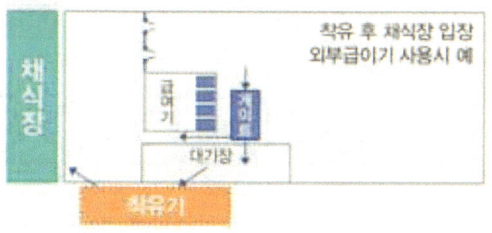

---

[2] 스마트 게이트 : 개체인식을 통해 착유, 사육공간 등으로 구분할 수 있는 자동출입문

급이기가 없는 농가	급이기가 있는 농가
1-❸ 착유 우선 이동(Milking-First) : 스마트 게이트 • 1-❷와 동일한 유도, 스마트 게이트를 통해 채식장이나 착유기로 진입 • 착유 지연 개체의 착유기 유도 가능 • 이미 착유한 개체의 재방문이 없어 착유기 효율 최대, 스마트 게이트, 채식장 펜스 및 단방향 게이트 설치 필요 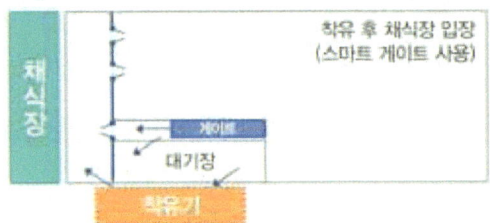	

Q15
여름철 또는 겨울철 대비 필요한 시설이 있나요?

- 로봇착유기 설치 공간(이하 로봇착유실)은 환기가 잘 되어 공기의 질이 적정 수준으로 유지되어야 한다. 로봇착유실의 온도는 0~30℃ 이내, 기계실의 경우 0~20℃ 사이에서 유지되어야 한다.

- 여름철 고온다습한 날씨는 유량 감소와 소들의 건강 상태까지 위협할 만큼 위험 요소에 해당한다. 착유실의 기온이 상승하면 착유기로의 우군 진입률이 낮아진다. 따라서 여름철 로봇착유기의 좁은 착유스톨에 입장한 착유우는 습기와 열기로 스트레스를 받을 수 있으므로 선(환)풍기를 이용하여 착유실과 착유스톨을 환기한다. 또 흡혈 쇠파리가 있는 경우 착유스톨 안에서 소의 움직임과 발차기가 증가하므로 선(환)풍기를 이용하여 소가 편안히 착유할 수 있도록 관리한다.

- 태풍 및 홍수 발생이 우려되는 지역은 날씨예보에 주의를 기울여 착유기의 침수 피해에 대비하고, 정전이 우려되는 경우 3상 발전기를 설치(또는 대여)해서 정전에 따른 피해를 최소화해야 한다.

- 로봇착유기 운영 농가에서 겨울철 어려움 중 하나는 장비의 동결에 따른 착유 작업이 중지되는 것이다. 장비가 어는 것은 물과 바람이 주요 원인이다. 물이 나오는 부분과 로봇착유실로 들어오는 바람에 대한 사전 조치가 이루어진다면 혹한기 한파에도 문제없이 운영할 수 있다. 겨울철에 대비하여 온풍기를 설치하거나 적은 착유두수로 흐름이 끊겨 동파가 걱정된다면 세척 횟수를 증가시켜 장비가 얼지 않도록 한다. 특히, 착유컵은 찬바람에 직접 노출되므로 집중적인 난방이 필요하다.

국산 로봇착유기 운영
Q&A

제2장
국산 로봇착유기 설치·운영 전 준비사항

1. 국산 로봇착유기 설치 전 고려사항

2. 국산 로봇착유기 설치 전 우사 시설 준비사항

3. 국산 로봇착유기 운영 전 젖소 준비사항

Q16 모든 기존 착유우가 로봇착유기에서 착유할 수 있나요?

- 일반착유 농가에서 로봇착유기를 설치하는 경우 기존 착유우의 적응훈련을 거쳐 착유 시스템을 전환하므로 대부분 착유우는 로봇착유기에 적응하게 된다.
- 로봇착유 시스템은 소가 스스로 착유하러 이동하므로 발굽에 문제가 있거나 유방염이 있는 소는 치료하고, 치료가 불가능한 경우 도태를 고려한다. 또 유두의 모양과 배열이 불량(X자형 유두 등) 하거나 발길질이 잦은 개체도 로봇착유기의 적응이 어려울 수 있으므로 도태를 고려한다. 유두 길이가 3cm 이하로 짧은 개체의 경우 장착 후 맥동에 의한 착유 진행이 어려워 유속이 느린 현상이 있지만, 이는 분만횟수(산차)가 증가하며 해결되기도 한다.

Q17
젖소의 외모관리가 필요한가요?

- 로봇착유기를 설치하고 본격적인 운영에 앞서 착유 위생 및 정상적인 착유컵 부착 등을 위해 젖소의 외모관리가 중요하다.
- 국내 젖소 농가는 대부분 톱밥형 우사로, 유두 주변의 털이 분뇨로 오염되어 유질을 저하시킬 수 있다. 따라서 오염물 유입의 최소화로 위생적인 착유가 되도록 로봇착유기를 운영하기 전에 유두 주변 털을 제거한다.
- 또 젖소의 긴 꼬리털은 유두로 인식하여 착유컵 부착 시 오류를 일으킬 수 있다. 그러므로 로봇착유기를 운영하기 전 젖소의 긴 꼬리털을 정리하여 유두 탐지의 오류를 방지하도록 한다.

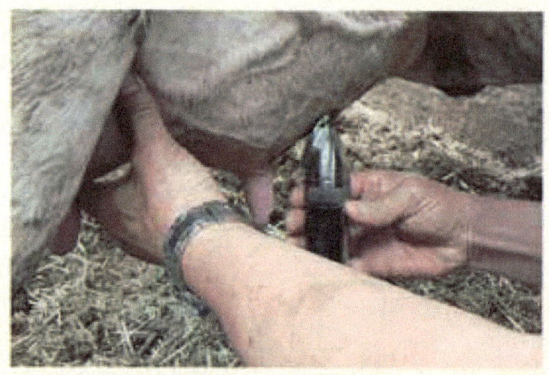

유두 주변 털 제거

긴 꼬리털 정리

Q18. 유두배열의 불량, 잦은 발길질 및 유방염이 있는 개체는 어떻게 해야 하나요?

◎ 로봇착유 시스템은 사람의 개입 없이 소가 스스로 착유하고, 자동으로 유질이 관리된다. 이와 같은 시스템이 정상적으로 운영되기 위해서는 다음과 같은 소의 도태를 고려해야 한다.

- 발굽에 문제가 있는 개체
- 만성적인 유방염이 있는 소로 치료가 불가능한 경우
- 유두의 모양과 배열이 불량한 개체(X자형 유두)
- 발길질이 잦은 개체 등

로봇착유기에 적합한 유두 배열

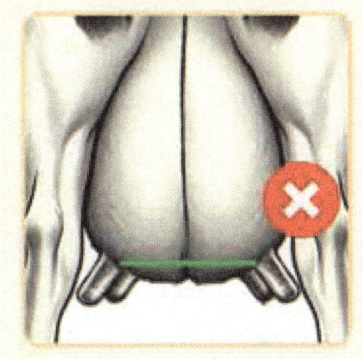 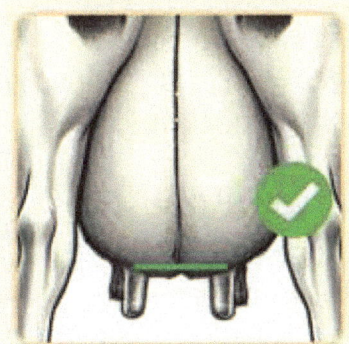 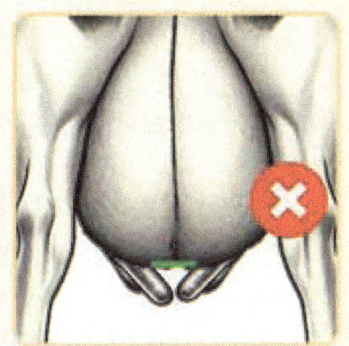

제 3 장
국산 로봇착유기 설치 후 운영

1. 국산 로봇착유기 적응훈련
- **Q19** 착유우의 적응을 위한 훈련 방법과 훈련 기간은 어떻게 되나요?
- **Q20** 예민한 소를 위한 적응훈련 방법이 있나요?
- **Q21** 착유우를 유도하는 방법이나 필요한 시설이 있나요?
- **Q22** 적응훈련 후에도 착유기에 방문하지 않는 경우 어떻게 해야 하나요?

2. 국산 로봇착유기 운영 및 유질·생산성
- **Q23** 착유횟수와 착유간격은 어느 정도가 적정하고, 유질과 유량에 어떤 영향을 미치나요?
- **Q24** 유량에 따라 착유횟수를 조절할 수 있나요?
- **Q25** 1두당 1회 착유에 걸리는 시간은 어느 정도인가요?
- **Q26** 착유 실패 비율은 어느 정도이며, 그 원인은 무엇인가요?
- **Q27** 착유한 원유의 품질은 자동으로 관리할 수 있나요?
- **Q28** 운영초기 유질 저하의 원인이 무엇이고, 이에 대한 대응방안이 있나요?
- **Q29** 우사 바닥, 장비 등 위생관리를 철저히 해야 하는 이유는 무엇인가요?

3. 국산 로봇착유기의 데이터 생산 및 이용
- **Q30** 어떤 데이터가 수집되고, 얼마나 정확한가요?
- **Q31** 수집 데이터는 어떻게 이용하고, 유질 등 이상 여부는 어떻게 확인하나요?
- **Q32** 실시간 정보는 휴대폰으로도 확인할 수 있나요?
- **Q33** 데이터나 프로그램은 관련 전문지식이 필요한가요?
- **Q34** 수집한 데이터의 관리는 누가하고, 타 농가와 공유나 비교가 가능한가요?

4. 기 타
- **Q35** 홀스타인종보다 체구가 작은 저지종도 착유할 수 있나요?
- **Q36** 착유우의 도태원인은 무엇인가요?
- **Q37** 로봇착유, 우유관 세척 등이 관리자 없이 자동으로 가능한가요?
- **Q38** 젖소의 섭취나 착유 행동에 영향이 있나요?
- **Q39** 유우군 능력검정사업에 참여할 수 있나요?
- **Q40** 건유연고 삽입과 같은 관리가 가능한가요?

국산 로봇착유기 운영
Q&A

**제3장
로봇착유기
국산 로봇착유기
설치 후 운영**

1. 국산 로봇착유기 적응훈련

2. 국산 로봇착유기 운영 및 유질·생산성

3. 국산 로봇착유기의 데이터 생산 및 이용

4. 기 타

Q19
착유우의 적응을 위한 훈련 방법과 훈련기간은 어떻게 되나요?

○ 로봇착유기 설치 후 정상적인 운영을 위해서는 적정한 훈련을 통해 소가 로봇착유기에 잘 적응할 수 있도록 유도해야 한다. 이를 위해 다음과 같은 사항을 고려하여 적응훈련을 하도록 한다.

- 초임우나 경산우나 구분 없이 로봇착유기에 첫 방문이 편안하도록 유도한다. 젖소는 낯설고 좁은 공간에 잘 들어가지 않는 습성이 있으므로 유도로 설치나 착유 2주 전부터 소량의 사료를 급여하면서 자연스럽게 들어갈 수 있도록 한다. 안 들어가고 버티는 개체는 안정되기를 기다렸다가 들어올 수 있도록 유도한다.

- 젖소의 첫 번째 방문에서 유두위치에 착유컵이 잘 부착하여 착유되는지 완료까지 관찰하며, 처음엔 긴장해서 젖 내림이 늦는 개체들도 있을 수 있다. 두 번째 방문부터는 개체가 스스로 들어갈 때까지 일일 2~3회 착유를 유도하여 스스로 들어갈 수 있도록 한다. 개체가 스스로 들어가기 시작하면 착유 유도를 중지하고 관찰하고, 훈련 시에는 착유기 안에서 젖소가 놀라지 않게 하며, 훈련이 끝난 개체는 평상시와 같이 관찰하도록 한다.

- 적응기간은 젖소 개체나 농가 상황에 따라 차이가 있을 수 있으나, 14일 정도 적응훈련을 하면 우군의 80% 이상이 자발적으로 착유하게 된다. 일부 부적응 개체 및 유량과 체세포수의 안정화를 위해서는 최소 3개월 정도의 적응시간이 소요된다.

- 또한, 관리자의 로봇착유기에 대한 적응도 중요하므로 적응을 위해 초기 교육과 지속적인 노력이 필요하다.

참고 6. 국산 로봇착유기 적응훈련 4단계

1단계 (1~2일)

- 임시 칸막이로 우군을 2개 그룹으로 분리 (예, 착유우 30두인 경우 A그룹 15두, B그룹 15두로 나눔)
- 마지막 일반착유시간을 확인하여 최소 6시간 후부터 A룹 소를 ②번 위치에서 로봇착유기에 한 마리씩 몰아서 넣고, B그룹 소는 ①번 위치에서 대기(①과 ③ 위치는 사조와 물을 자유 섭취할 수 있는 장소로 택함)
- A그룹 소는 착유 후 ②번에서 ③번 위치로 이동
- A그룹 소가 모두 착유하여 ③번 위치로 이동하면 B그룹 소는 ①번 위치에서 ②번 위치로 이동
- A그룹 소는 ①번 위치로 이동하여 휴식
- 8시간 후 이 과정을 반복하여 착유

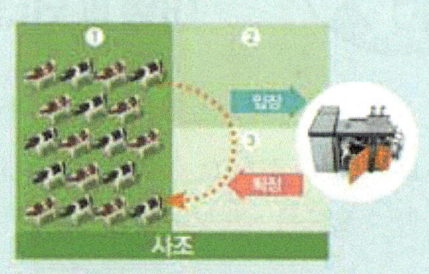
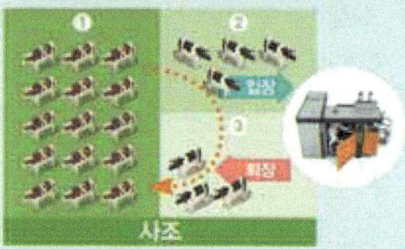

2단계 (3~13일)

- 임시 칸막이를 제거하지만, 2개 그룹으로 관리
- 착유상황 및 '착유 지연 개체' 모니터 : 4회/일
- 착유 후 10시간이 경과한 개체를 로봇착유기에 몰아서 넣음

3단계 (14일 전후)

- 착유상황 및 '착유 지연 개체' 모니터 : 3회/일
- 착유 후 12시간이 경과한 개체를 로봇착유기에 몰아서 넣음

4단계 (60일 전후)

- 착유상황 및 '착유 지연 개체' 모니터 : 2회/일
- 착유 후 12시간이 경과한 개체를 로봇착유기에 몰아서 넣음

Q20
예민한 소를 위한 적응훈련 방법이 있나요?

- 착유우가 예민한 경우 처음 방문부터 로봇착유를 시도하지 말고 수동착유를 진행하여 소가 좁은 공간에 먼저 적응하게 한다. 소의 배 아래로 로봇팔을 움직이면서 적응훈련을 한 후 로봇착유를 시도한다. 초산우는 착유를 처음 경험하므로 2~7일 내외의 기간을 두면서 로봇착유를 시도한다.

Q21
착유우를 유도하는 방법이나 필요한 시설이 있나요?

- 로봇착유기의 운영을 위해 착유우를 유도하기 위한 방법은 설치 후 약 3주간의 사료 트레이닝을 권장한다. 가동 이후 원활한 착유를 위해 소들이 로봇착유기에 익숙해지도록 착유는 하지 않고 약 3주간 로봇착유기에서 사료 급이만 실시한다.

- 농가에서 로봇착유기를 효율적으로 운영하기 위해서는 우사의 시설 배치가 중요하다. 이는 설치 후 젖소 개체의 유도훈련에는 많은 시간이 소요되는데, 우사의 구조 변경이 어렵고, 부적절한 시설 배치는 로봇착유기에 대한 젖소의 적응을 어렵게 하는 주된 원인이 될 수 있다. 따라서 로봇착유기 설치 전 개체 유도방식에 대한 종류와 특징을 이해하여 우사 구조에 적합한 유도 방식을 선정할 필요가 있다.

- 로봇착유기로 젖소를 유도하기 위한 이동방식은 자유 개체 이동방식, 착유 우선 개체 이동방식 및 급이 우선 개체 이동방식이 있다.

    - **자유 개체 이동방식(Free cow traffic)** : 젖소가 자기의 판단대로 착유할 시간이 되면 로봇 착유기로 가게 된다는 가정 하에 사용되는 방식

- 착유 우선 개체 이동방식(Milk first cow traffic) : 착유 간격 유지가 힘든 '자유 개체 이동 방식'의 단점을 보완하기 위해 고안된 이동 방식으로, 젖소가 TMR이나 농후사료를 먹기 위해서는 그 전에 반드시 로봇착유기를 거쳐 착유를 해야만 하는 방식

- 급이 우선 개체 이동방식(Feed first cow traffic) : 착유와 사양관리의 효율성을 높이기 위하여 설계 고안된 이동 방식

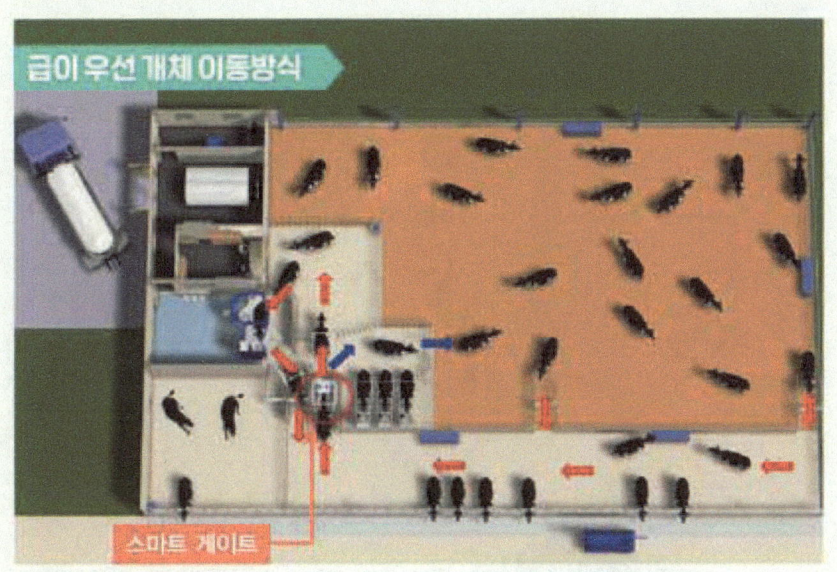

* 자연스러운 소의 이동, 사료급이, 착유, 휴식을 반복적으로 진행

Q22
적응훈련 후에도 착유기에 방문하지 않는 경우 어떻게 해야 하나요?

◎ 로봇착유를 시작 후 약 2달이 지나면 대부분의 개체들은 착유기로의 진입이 자유롭고, 개체별 유량에 따라 차이가 있지만 평균 방문율은 2.5~2.8회/일 정도가 된다. 이러한 상황에서 특정 개체가 착유기에 자율적으로 방문하지 않는다면 도태를 고려해야 한다. 그러나 전반적으로 우군의 착유기 방문율이 낮다면 이에 대한 개선 방안으로 스마트 게이트, 외부급이기, 채식장 유도로 등의 추가 설치를 검토해 볼 수 있다.

◎ 또 소가 착유기의 사료를 통해 유도되도록 채식장에서 급이되는 TMR 사료의 배합비나 급이량 등을 조절되지 않아 착유기에 방문을 하지 않는 경우가 있다. 이때에는 농장에 맞는 사료와 TMR 배합비를 설정하고 채식장의 TMR과 착유기의 급이량을 조절하면서 개체의 활동 및 착유기로의 방문율을 지켜보는 과정이 필요하다. 이때 소가 사료 종류의 변경, 급이량의 증감에 따라 적응할 수 있도록 충분한 기간(2주 정도)을 주어야 한다.

국산 로봇착유기 운영
Q&A

제3장
로봇착유기
국산 로봇착유기
설치 후 운영

1. 국산 로봇착유기 적응훈련
2. 국산 로봇착유기 운영 및 유질·생산성
3. 국산 로봇착유기의 데이터 생산 및 이용
4. 기 타

Q23
착유횟수와 착유간격은 어느 정도가 적정하고, 유질과 유량에 어떤 영향을 미치나요?

- 착유횟수와 착유간격은 유량과 유질에 영향을 미치기 때문에 유선과 유두의 회복을 위해 일정하게 유지하는 것이 바람직하다.
- 로봇착유기 운영 시 유량이 증가함에 따라 착유횟수가 늘어나고 착유시간도 증가하며, 로봇착유기의 이동방식에 있어서 자유 이동방식이 급이 우선 이동방식보다 착유횟수가 증가한다.

참고. 로봇착유 시 유량 수준에 따른 착유횟수 및 착유시간

구분	유량(kg/일)				
	50이상	40~49	30~39	20~29	10~19
착유횟수(회/일)	3.85±0.09	3.62±0.06	3.11±0.66	2.44±0.06	1.95±0.08
착유시간(초)	347.7±20.36	321.7±14.18	312.0±12.33	294.7±9.68	262.5±21.60

참고. 로봇착유기의 이동방식에 따른 착유횟수 및 사료급여횟수

구분	자유 개체 이동방식	급이 우선 개체 이동방식
착유횟수(회/일)	3.04±0.6	2.59±0.2
사료 급여횟수(회/일)	1.5±0.7	3.4±2.4

- 일일 2회 착유하는 일반착유보다 로봇착유 시 체세포수가 높은 경향이 있는데, 이는 착유 방식의 차이보다는 착유횟수가 더 높기 때문일 수 있다. 또, 착유 간격에 많이 변동이 있는 경우 체세포수가 증가한다. 일반적으로 착유 간격은 3시간 이내로 변동되는 것이 좋고, 12시간 이내로 착유 간격을 조정하는 것이 중요하다.

- 따라서 로봇착유기에 따른 유량과 유질 개선을 위해 착유횟수는 2~3회/일, 착유간격은 8~10시간이 되도록 조정한다. 로봇착유기의 경제적이고 효율적인 이용을 위해서 3회/일 착유를 권장하고 있으나, 유량이 적은 개체(20kg 이하)의 경우 하루 2회, 45kg 이상인 경우에는 하루 4회 정도 착유하게 된다. 유량이 45kg 이상으로 많아도 하루 5회 이상의 착유는 권장하지 않는데, 이는 착유횟수가 증가하면 우유 지방구의 표면이 얇아져 착유과정에서 지방구가 파괴되고 이로 인해 4회 이하 착유 시 보다 유리지방산의 생성률이 30~40% 이상 증가하여 유제품 품질에 영향을 미칠 수 있으므로 과도한 착유횟수는 지양한다.

Q24
유량에 따라 착유횟수를 조절할 수 있나요?

✓ 국산 로봇착유기에서는 개체의 유량에 따라 착유허용 시간을 설정할 수 있도록 지원하고 있으며, 아래의 스마트 게이트와 급이기를 운영하는 농가(두당 평균 유량이 39kg, 평균 방문율 2.9회) 사례를 참고하기 바란다.

착유허용

범위1	1	kg부터	12:00
범위2	15	kg부터	10:00
범위3	20	kg부터	08:00
범위4	25	kg부터	07:30
범위5	30	kg부터	07:00
범위6	35	kg부터	06:30
범위7	45	kg부터	06:00
범위8	55	kg부터	06:00
범위9	65	kg부터	06:00
범위10	이외	kg	06:30

저장

Q25
1두당 1회 착유에 걸리는 시간은 어느 정도인가요?

- 로봇착유기에서 1두가 1회 착유에 걸리는 시간은 하루 동안 몇 마리를 착유할 수 있는지를 판단할 수 있는 지표이며, 이는 두당 체류시간으로 측정되어 활용할 수 있다. 두당 체류시간이란 젖소가 로봇착유기의 착유스톨에 입장하여 퇴장하기까지 소요되는 전체 시간이다.

- 로봇착유기의 두당 체류시간은 외산(평균 7분 34.3초)과 국산(평균 7분 34.5초)이 비슷하게 나타났다. 국산 로봇착유기에서 체류시간은 개체인식 후 사료급여, 유두세척과 유두인식 후 착유컵의 부착 등 착유 전 장착소요시간(평균 1~2분)이 포함되어 실제 착유시간은 5~6분인데, 불필요하게 소요되는 체류시간을 단축하기 위해 유두인식 및 착유과정에 관한 알고리즘을 개선하고 있다.

Q26
착유 실패 비율은 어느 정도이며, 그 원인은 무엇인가요?

- 착유 실패는 착유기에 적응하지 못해 착유스톨에서 계속 움직이거나, 발길질을 하는 개체에서 주로 발생한다. 유두 배열이 X자 형태이거나 짧아서 장착이 어려운 개체를 제외하면 착유 실패 비율은 5~10% 정도(50두 중 3~5두)이다. 개체가 착유기에 충분히 적응하게 되면 착유 실패 비율은 더 감소할 수 있다.

Q27 착유한 원유의 품질은 자동으로 관리할 수 있나요?

◎ 착유가 완료된 개체의 우유는 실시간 유지방, 유단백, 체세포수, 유방염지수, 혈류 등의 성분 분석을 통해 품질을 관리할 수 있다. 원유 품질에 문제가 없는 경우 바로 냉각기로 보내지게 된다. 초유, 체세포수가 높거나 혈류가 심하거나, 항생제를 사용한 개체의 우유는 농가가 설정한 옵션에 따라 냉각기가 아닌 분리 착유통으로 보내져 폐기할 수 있다.

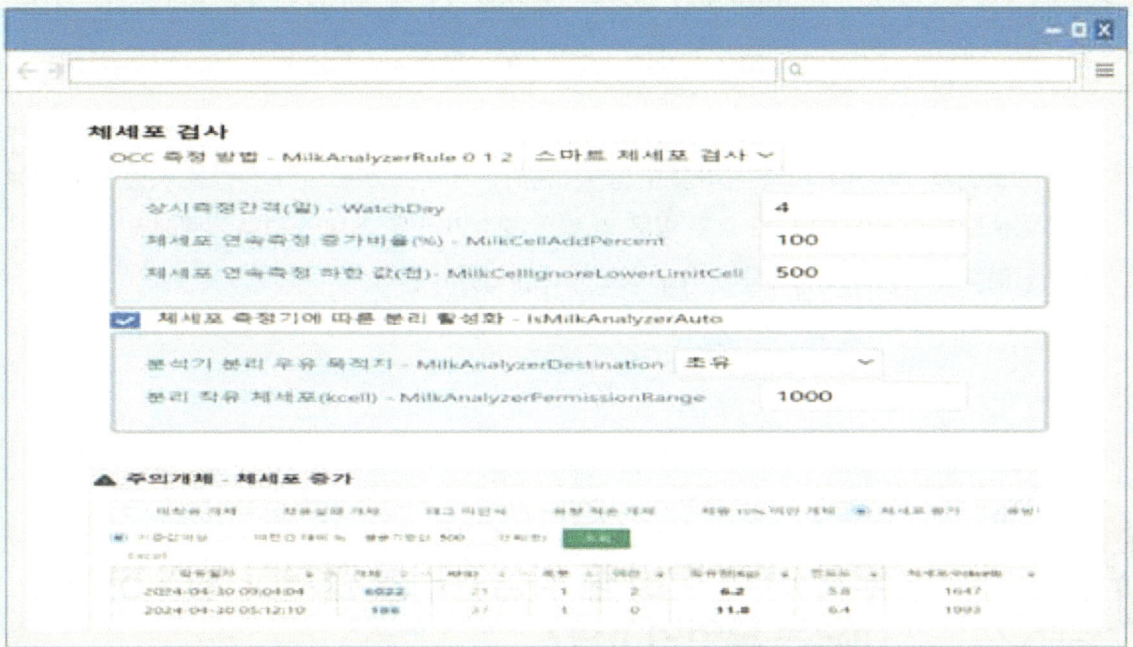

체세포수 증가 시 자동 분류 기능 및 분리 착유통

Q28
운영초기 유질 저하의 원인이 무엇이고, 이에 대한 대응방안이 있나요?

- 일반착유는 12시간 간격으로 고정된 착유 시간에 맞춰 착유한다. 로봇착유를 시작하면 우군의 생체리듬에 영향을 미쳐 체세포수가 증가하고 우유 내 지방, 단백질 등의 함유량이 변화하게 된다. 국산 로봇착유기 농가의 경우 운영을 시작한 후 유성분 변화를 살펴보면 착유기에 개체들이 적응하고 생체리듬이 안정화되기까지 최대 6개월 정도가 소요되었다.

- 체세포수는 착유간격과 진공압의 변화, 로봇착유에 따른 스트레스로 증가한다. 로봇착유를 시작한 초기에는 대체로 증가하다가 점차 개체들이 착유기에 적응하고 나면 자연적으로 안정화된다.

- 영양적 불균형에 따른 유질 저하가 없도록 로봇 방문 횟수가 적고, 섭취량이 적은 개체에 대해서는 로봇에서 1회 착유시의 급이량을 좀 더 늘려주거나, 로봇으로의 진입을 사람이 개입해 몰아주는 것 등이 필요하다. 또 로봇 방문 및 착유 횟수가 많은 개체의 경우 유량에 맞는 올바른 사료 급이량을 설정하고 섭취량이 어느 정도인지 살펴봐야 한다.

Q29
우사 바닥, 장비 등 위생관리를 철저히 해야 하는 이유는 무엇인가요?

- 로봇착유는 유두세척과 착유가 자동으로 이루어지는데, 우사 및 장비 등의 위생 상태가 좋지 않다면 유두세척 후에도 유두 주변에 오염물이 남을 수 있다. 이러한 오염원은 원유의 세균 증가를 야기한다. 착유기 바닥을 청결하게 유지하고 우사의 깔짚 상태를 건조하게 유지해 준다면 보다 양질의 우유를 생산할 수 있다.

국산 로봇착유기 운영
Q & A

제3장
로봇착유기
국산 로봇착유기
설치 후 운영

1 국산 로봇착유기 적응훈련

2 국산 로봇착유기 운영 및 유질·생산성

3 국산 로봇착유기의 데이터 생산 및 이용

4 기 타

Q30 어떤 데이터가 수집되고, 얼마나 정확한가요?

로봇착유기에서 수집되는 데이터는 착유시간, 급이시간, 급이량, 착유량, 체중, 방문횟수, 유성분(지방, 단백질, 유당, 체세포, 유방염지수, 혈류), 유속, 유방별 착유시간, 젖내림 시간, 유방별 유량, 유방별 전기전도도 등이 있다. 유성분은 정확도 개선을 위해 월 1회 주기적인 보정 작업이 필요하다. 체세포수는 정확도가 다소 낮지만 우유 성분 데이터는 95% 이상 정확도를 유지한다.

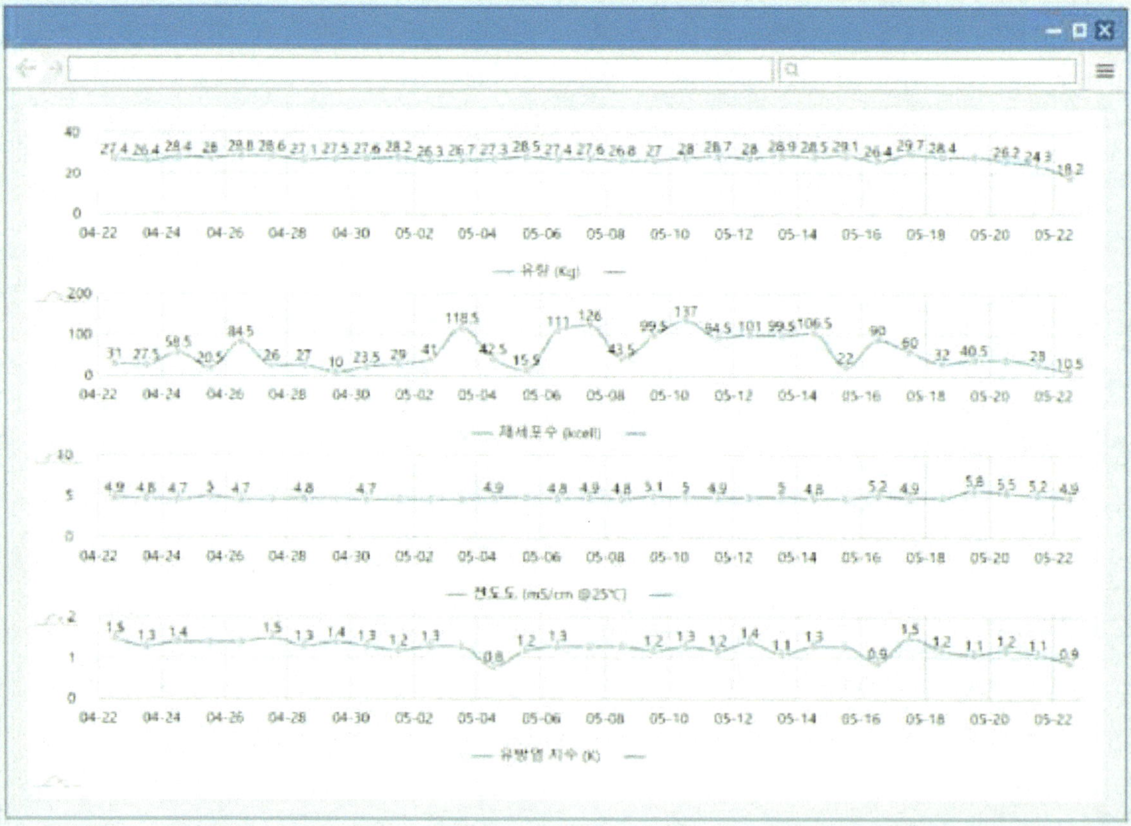

Q31 수집데이터는 어떻게 이용하고, 유질 등 이상 여부는 어떻게 확인하나요?

✓ 로봇착유기에서 수집되는 데이터는 착유우에 관한 다양하고 유용한 정보를 제공한다. 데이터 중 착유기 방문횟수, 착유거부나 실패 횟수, 장시간(14시간 이상) 착유 지연, 섭취량 등은 착유우의 활동 지표로 활용할 수 있고, 두당 유량, 전도도, 착유시간, 유속 등은 유질과 관련한 유방염 지표로 활용할 수 있다. 그 외 섭취량, 착유량, 체세포수, 체중 등을 통해 착유우의 건강 이상 여부를 판단할 수 있다.

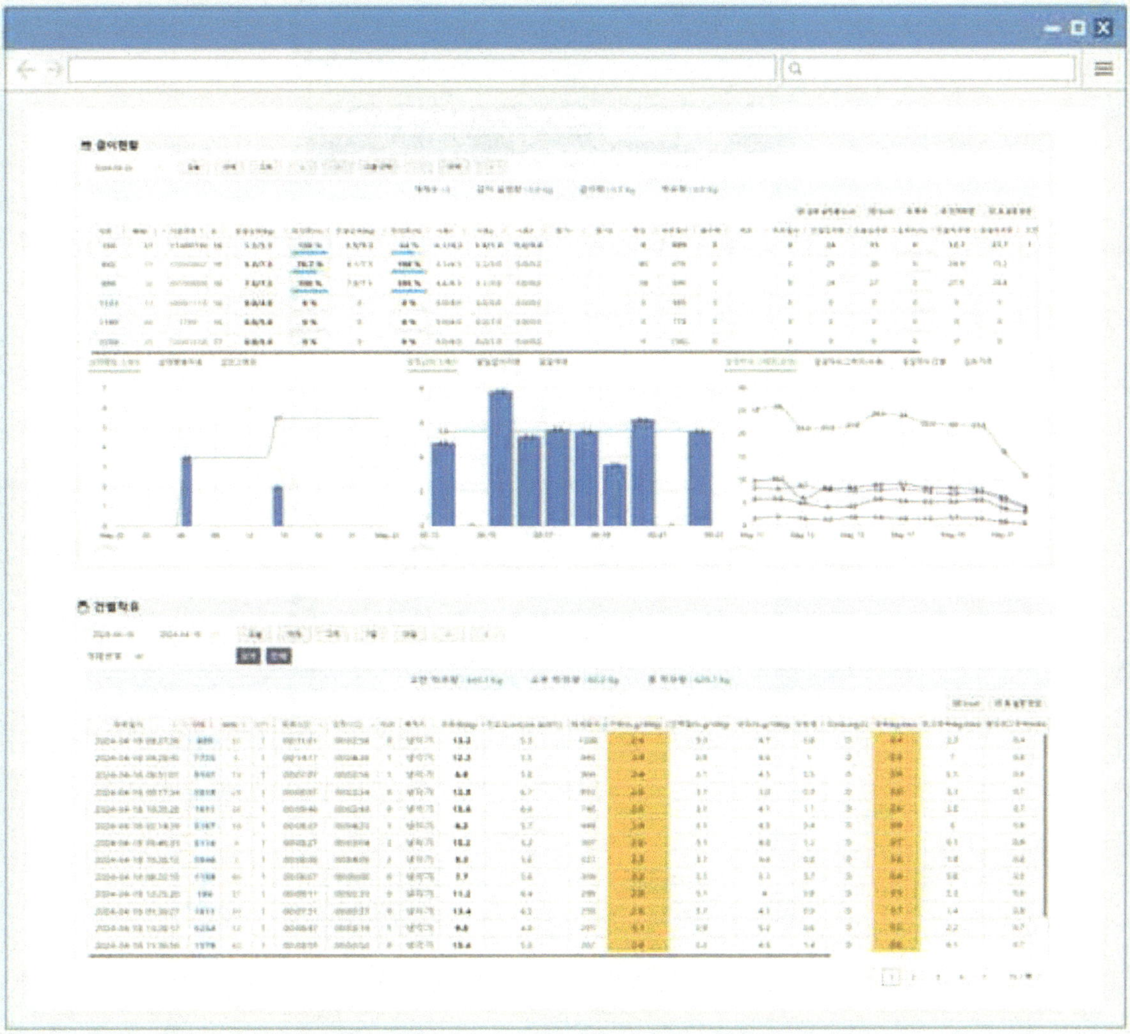

Q32
실시간 정보는 휴대폰으로도 확인할 수 있나요?

✓ 로봇착유기에서 실시간으로 생성되는 정보는 각 농가마다 별도로 제공되는 웹 주소와 계정을 통해 휴대폰으로 확인할 수 있다. 웹을 통해 이루어지기 때문에 휴대폰뿐만 아니라, 인터넷이 가능하다면 어디에서든 접속하여 데이터를 확인할 수 있다.

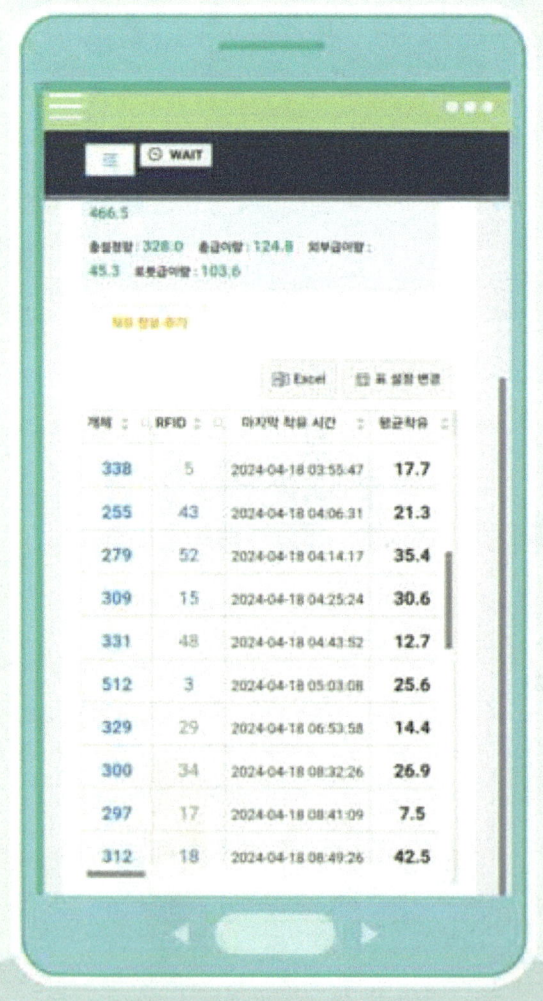

Q33
데이터나 프로그램은 관련 전문지식이 필요한가요?

- 로봇착유기의 데이터나 프로그램을 이용하기 위해서 전문지식이 필요한 것은 아니다. PC를 사용한다면 간단한 버튼으로 데이터를 활용할 수 있다. 또한, 로봇착유기를 처음 도입하여 소의 적응훈련을 진행하는 1주일 간 ㈜다운은 농장주에게 착유기의 각종 제어 기능과 데이터의 활용 방법에 대해 교육하고 있다.

Q34
수집한 데이터의 관리는 누가하고, 타 농가와 공유나 비교가 가능한가요?

- 로봇착유기에서 수집한 데이터의 관리는 ㈜다운에서 관리하고 저장한다. 타 농가와 공유나 비교가 필요한 경우 담당 서비스 직원에게 문의할 수 있으나, 타 농가가 신기술보급 시범사업에 참여하는 경우에 가능하다.

국산 로봇착유기 운영
Q&A

제3장
로봇착유기 국산 로봇착유기 설치 후 운영

1. 국산 로봇착유기 적응훈련
2. 국산 로봇착유기 운영 및 유질·생산성
3. 국산 로봇착유기의 데이터 생산 및 이용
4. 기타

Q35
홀스타인종보다 체구가 작은 저지종도 착유할 수 있나요?

✓ 로봇착유기는 홀스타인종 외에 저지종 젖소도 착유가 가능하다. 현재 저지종을 다수 보유한 농가에서 로봇착유를 진행하고 있다.

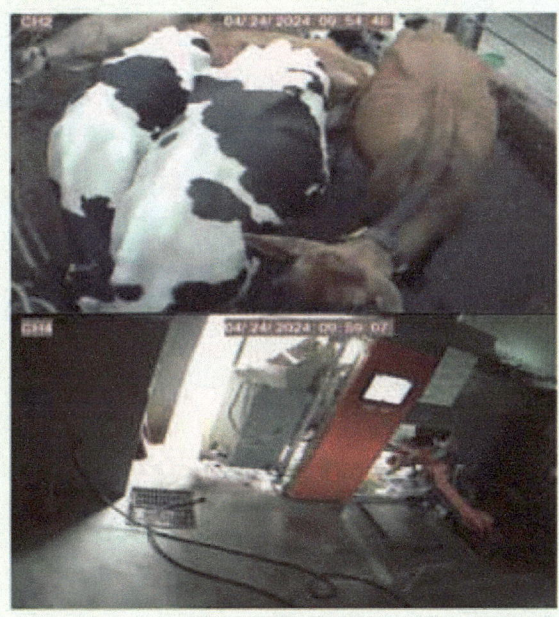
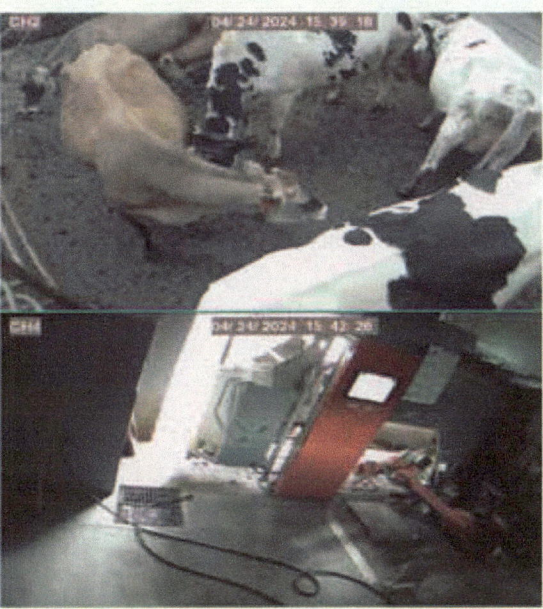

Q36
착유우의 도태원인은 무엇인가요?

- 착유우의 도태는 다양한 원인이 있다. 자동착유시스템을 설치한 후 젖소의 도태원인을 조사한 연구결과에서 유방염 28%, 번식장애 20%, 발굽질환 19%, 자동착유시스템에 부적합한 유두 배열 12%, 분만 후 대사성질병 7%, 기타(노산 등) 14%였다. 이러한 결과는 일반적인 젖소의 도태원인과 크게 차이가 나지 않는다. 다만 자동착유시스템에 부적합한 유두배열로 인한 도태가 12% 정도 되는 것으로 나타나 자동착유시스템 설치 전에 보유축에 대한 점검이 필요하다고 하겠다. 일반착유 시 유두 배열, 개체의 성향 및 착유 특성에 따른 영향이 적어 착유할 수 있지만, 로봇착유기는 착유기로의 방문율과 적응력, 유두배열의 적합성(장착 불가 유두), 유속 느림(착유시간 지연) 등이 있는 경우 도태를 고려한다.

Q37
로봇착유, 우유관 세척 등이 관리자 없이 자동으로 가능한가요?

- 로봇착유기(또는 자동착유시스템, Automatic milking system, AMS)은 착유에 필요한 로봇 팔, 착유장비, 유도시설 및 추가 장비 등으로 구성되며, 사람의 개입 없이 착유우가 착유시설로 스스로 들어가는 시스템으로써 유두세척, 착유, 이송 등이 모두 중앙컴퓨터에 의해 제어되어 무인으로 이루어지는 최첨단 착유시스템이다.
- 로봇착유 및 우유관 세척은 관리자 없이 매일 진행하도록 설정하고 있다. 다만, 주기적인 점검으로 정상적인 가동이 되도록 관리한다.

Q38 젖소의 섭취나 착유 행동에 변화가 있나요?

- 일반착유와 로봇착유 시스템에 따라 착유한 소의 섭취나 착유행동에 미치는 영향을 비교 분석한 연구결과에 따르면 섭취 행동은 로봇착유보다 일반착유한 소에서 더 많은 변화가 있었다고 한다. 두 시스템에서 모두 밤과 이른 아침에 사료 섭취율이 낮은데, 일반착유하는 소의 섭취 활동은 사료 급여나 착유 후에 증가하는 반면, 로봇착유하는 소들의 착유와 섭취 활동은 농가의 관리가 이루어지는 아침 7시부터 증가하여 3시간 후 최고점에 도달한다고 한다. 대부분의 소들은 오전 8시부터 오후 1시, 그리고 오후 3시부터 7시에 로봇착유기 안에서 관찰되었다. 따라서 로봇착유 시스템을 사용하는 경우 착유와 사료 섭취시간의 연관성이 높으며, 로봇착유가 집중되는 시간에 서열에서 밀려 착유를 방해받지 않고, 착유 후 충분히 사료를 섭취할 수 있도록 관리에 주의를 기울여야 한다.

- 로봇착유는 일반착유보다 유량이 증가하는 만큼 젖소의 섭취량도 많아지고, 유속이 보다 빨라지는 경향이 있다.

Q39 유우군 능력검정사업에 참여할 수 있나요?

- 로봇착유 시스템은 착유우가 스스로 착유시기를 정하여 로봇착유기에 들어가 착유가 실시된다. 2~3회/일 고정시간에 착유를 실시하는 헤링본, 텐덤 등 일반착유와는 달리 1~3회/일 등 불규칙적으로 착유되는 로봇착유의 경우 일일 유량과 유지방율을 구하는데 한계가 있다.

- ICAR(국제가축기록위원회)는 로봇착유 농가의 유량 기록 관리 가이드라인에 따라 유량은 4일간 또는 12회 착유기록의 평균을 구한 예측 유량을 사용하고, 유지방율은 첫 회 착유에서 얻어진 실제 유지방율과 추정모수로 산정하며, 유단백율과 무지고형분율은 오전/오후 간에 차이가 없으므로 실측정값을 사용하고 있다.

- ICAR에서 사용하는 로봇착유 농가의 유량 기록 관리 가이드라인에 따라 추정된 유량 및 유성분 예측값을 이용하여 국내 로봇착유 농가에 대해 검정을 실시한 결과 적용이 가능하다고 보고된 바 있다.

- ㈜다운에서 "샘플러[3]"를 기본적으로 제공하고 있고, 이를 통해 개체별 검정 샘플을 자동으로 채취할 수 있다.

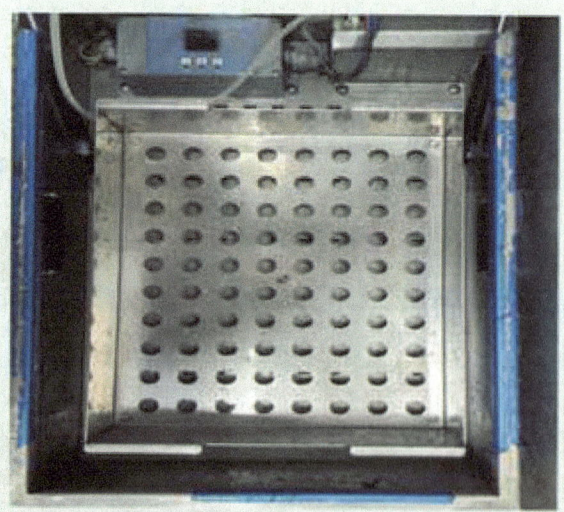

---

[3] 샘플러 : 로봇착유하는 젖소 개체별 원유를 일정량(30~40㎖) 채취하기 위한 장치

Q40 건유연고 삽입과 같은 관리가 가능한가요?

✓ 농가에서는 로봇착유 중인 착유우의 분만예정일을 주기적으로 점검하여 건유가 필요한 개체를 확인한다. 건유할 개체가 착유기에 방문하여 착유하면 "소 대기" 기능을 사용해 소가 나가지 못하게 하고 착유스톨에서 건유 연고를 삽입할 수 있다.

'소 대기' 기능

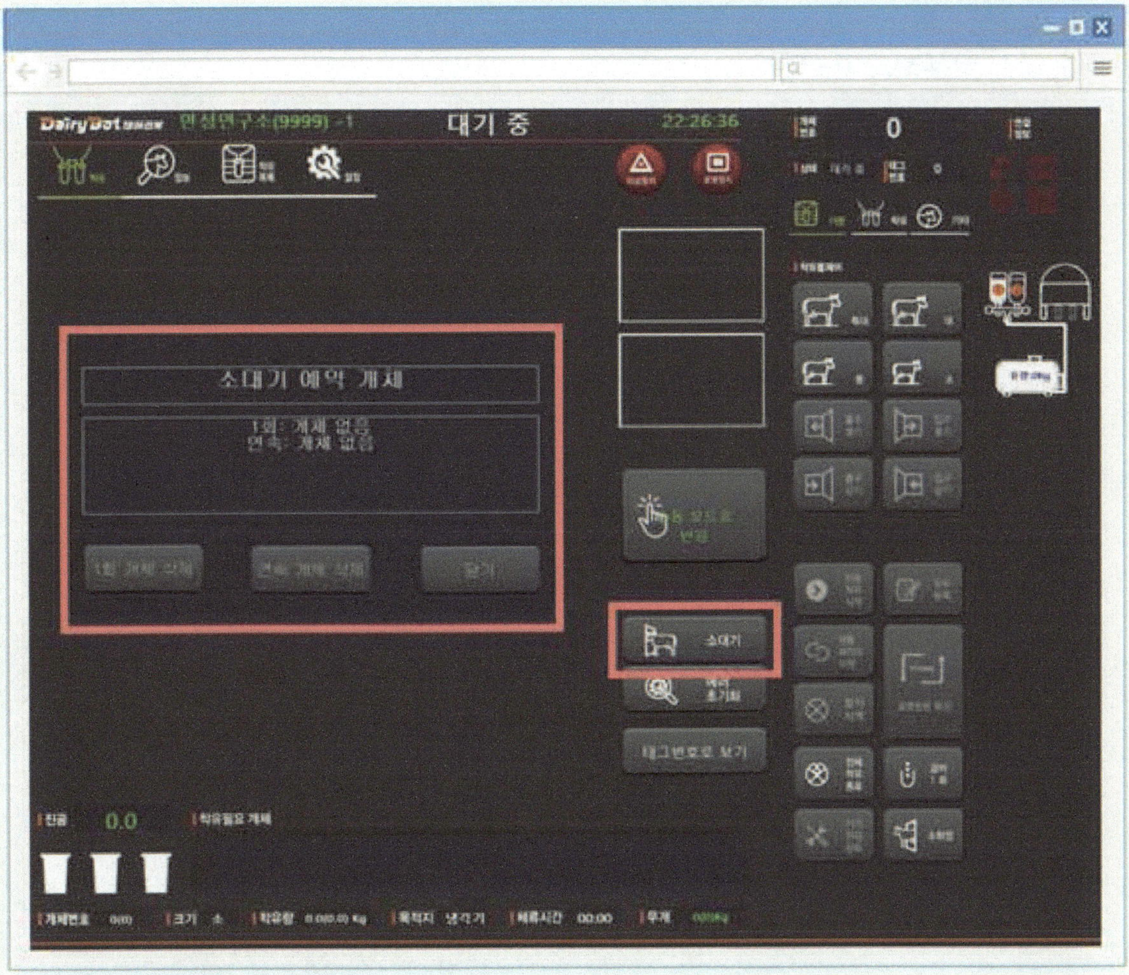

국산 로봇착유기 운영 Q&A

제 4 장
긴급 대응(A/S) 및 기타

1. 국산 로봇착유기 안전
- **Q41** 안전사고 예방을 위한 장치가 있나요?

2. 국산 로봇착유기 A/S 및 주요사례
- **Q42** A/S 문의는 어디로 하나요?
- **Q43** A/S 센터와 거리가 먼 농가에서 신속한 대응이 필요할 경우 어떻게 하나요?
- **Q44** 로봇착유기가 갑자기 작동을 멈추면 어떻게 해야 하나요?
- **Q45** 자주 발생하는 긴급 대응 사례는 무엇이 있나요?
- **Q46** 주요 고장이나 오작동 사례는 무엇인가요?
- **Q47** 기술적인 요인으로 인해 개선이 불가능한 결함요인이 있나요?

3. 국산 로봇착유기 유지·보수
- **Q48** 로봇착유기의 수명은 얼마나 되나요?
- **Q49** 기본 점검사항과 설치업체의 정기점검 주기는 어떻게 되나요?
- **Q50** 주요 소모품 및 교체주기는 어떻게 되나요?

4. 국산 로봇착유기 교육 및 컨설팅
- **Q51** 필요한 교육 및 컨설팅은 어디서 하나요?

국산 로봇착유기 운영 Q&A

제4장 긴급 대응(A/S) 및 기타

1. 국산 로봇착유기 안전
2. 국산 로봇착유기 A/S 및 주요사례
3. 국산 로봇착유기 유지·보수
4. 국산 로봇착유기 교육 및 컨설팅

Q41
안전사고 예방을 위한 장치가 있나요?

✓ 로봇착유기 운영 중 안전사고를 예방하기 위해 비상 정지 버튼 및 대인 감지용 안전 발판이 설치되어 있다.

- 사람의 위기상황 시
  ① 로봇착유기 본체의 비상 정지 버튼을 누른다.
  ② 위기상황 해제 시 비상 정지 버튼을 복구한다.
  ③ 자동 모드로 전환되어 정상 가동된다.

- 젖소의 위기상황 시
  ① 수동 모드로 전환하고 착유 중인 젖소의 퇴장을 유도한다.
  ② 로봇착유기의 안전성을 점검한 후 자동 모드로 전환한다.

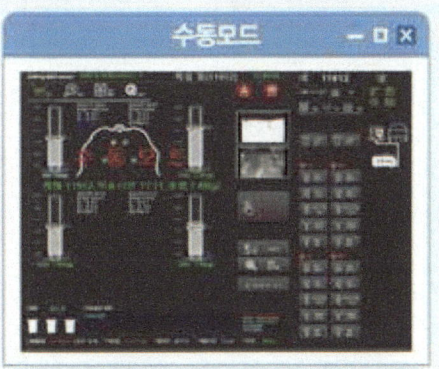

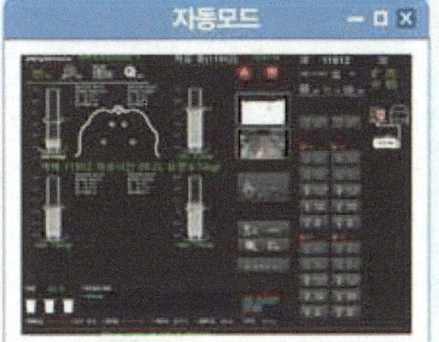

국산 로봇착유기 운영
Q&A

제4장
긴급 대응(A/S) 및 기타

1 국산 로봇착유기 안전

2 국산 로봇착유기 A/S 및 주요사례

3 국산 로봇착유기 유지·보수

4 국산 로봇착유기 교육 및 컨설팅

Q42
A/S 문의는 어디로 하나요?

✅ 국산 로봇착유기에 대한 A/S와 제품 설명은 아래 ㈜다운의 전국 서비스지점에 문의한다. 21시 이후에는 안성연구소 통합콜센터에 문의할 수 있다.

인천 본사
📍 위치: 인천광역시 서구 보도진로 42번길 22
📞 TEL: 032-873-1783

안성 연구소(통합콜센터)
📍 위치: 경기도 평택시 용이동 442-27 401호
📞 TEL: 070-4610-3385

전주서비스지점
📍 위치: 전주시 덕진구 인후동1가 872-9 비타민빌라 205호
📞 TEL: 010-9369-6199

광주연구소
📍 위치: 광주광역시 북구 일곡마을로 116번길 31 501호
📞 TEL: 010-7169-1787

경주서비스지점
📍 위치: 경북 경주시 안강읍 산대리 2411-8 빅토리아원룸 103호
📞 TEL: 070-4610-3385 (안성연구소 통합)

Q43
A/S 센터와 거리가 먼 농가에서 신속한 대응이 필요할 경우 어떻게 해야 하나요?

✅ 국산 로봇착유기 설치 농가가 ㈜다운의 A/S 센터와 거리가 멀어도 최대 3시간 이내에 서비스가 가능하도록 대기하고 있다. 또, 간단한 조치 및 단순 교체가 필요한 사항인 경우 ㈜다운의 협력 대리점을 통해 서비스가 진행될 수 있도록 조치하고 있다.

Q44
로봇착유기가 갑자기 작동을 멈추면 어떻게 해야 하나요?

◎ 로봇착유기가 갑자기 작동을 멈추는 경우 먼저 A/S 센터에 연락을 취하고 대기한다. A/S 센터는 원격 접속으로 농가의 발생 상황을 파악하고 원격 복구의 가능 여부를 확인하여 조치한다. 방문 조치가 필요한 경우 필요한 장비·자재를 구비해 농장으로 이동 및 조치한다.

Q45
자주 발생하는 긴급 대응 사례는 무엇이 있나요?

사례 01 카메라와 제어기 간 통신 연결이 끊어져 자동 착유가 불가능한 사례

- **원인** 유두를 인식하는 카메라와 제어기의 케이블 연결 접점 불량으로 인해 로봇착유가 불가능한 상황이 발생
- **조치** 카메라-통신 케이블 연결의 불량을 확인하고 필요한 자재를 확보한 후 농가에 1.5시간 내 방문 및 케이블 교체(1시간 소요). 보수하는 동안 수동 모드로 착유 가능

사례 02 로봇팔의 축이 틀어짐에 의해 세척컵을 잡지 못한 사례

- **원인** 초산우의 발길질로 로봇팔이 크게 밟힘. 이로 인해 좌표가 틀어져 착유는 가능하나, 세척컵을 잡지 못하는 상황이 발생
- **조치** 로봇팔의 축 틀어짐을 보정한 후 세척컵 좌표의 변경이 필요한 것을 확인한 후 농가에 2시간 내 방문 및 세척컵 좌표 보정(0.5시간 소요). 보수하는 동안 세척컵 사용 없이 자동 모드로 착유 가능

Q46
주요 고장이나 오작동 사례는 무엇인가요?

사례 01 그리퍼 볼트가 풀려 자동 착유는 불가능하고 수동착유 가능

- **원인** 착유컵을 잡는 그리퍼의 볼트 조임이 느슨해져 착유컵을 잡지 못하는 사례 발생
- **조치** 농장주가 볼트를 조여 바로 해결되었고, 정기 점검 필요

사례 02 체세포수 측정이 안 되지만 자동착유 가능

- **원인** 체세포수를 장기간 측정하지 않아 관로에 우유가 굳어 막힘
- **조치** 서비스 직원의 농가 방문 후 체세포수 측정을 시작. 심하게 막히거나 동작이 안 되면 안성 연구소로 송부해 수리 후 재장착 필요

사례 03 집유 전/후 버튼 조작 실수

- **원인 및 조치** 버퍼탱크 우유가 일부 버려지는 문제, 버튼 조작 재교육

사례 04 3방 밸브 오작동

- **원인** 단동 타입 3방 밸브의 에어배출 소음기가 먼지와 습기로 인해 막혀 밸브 동작이 원활하지 않아 가수된 사례
- **조치** 에어배출 소음기의 전량 교체로 동일한 문제는 없으나 서비스 점검 방문 시 상시 점검

사례 05 로봇착유기 제어 PC의 물 유입으로 동작 불가

- **원인** 착유실 내 수도 연결 부위가 터져 착유기 및 본체 등에 분사된 물로 인해 제어 PC가 정지되고 가동 불가
- **조치** 제어 PC 교체 후 자동 착유

사례 06 진공펌프 동작 불가

원인 진공펌프 내부 임팔라에 유증기가 유입되어 진공펌프가 정지되고 착유 불가

조치 진공펌프 교체 시까지 이동식 착유기 가동. 현재 진공펌프 교체 없이 현장에서 수리 가능

사례 07 버퍼탱크 내부 세척볼의 볼트 풀림으로 내부 세척이 안 됨

원인 버퍼탱크 내부를 청소하는 세척볼이 볼트가 풀리는 방향으로 회전력이 발생하여 세척볼이 빠진 상황으로, 초기 설치된 농가에서 이러한 고장으로 세균수가 증가함

조치 상시 점검으로 세척볼의 결합 상태를 항상 점검

사례 08 세척컵 브러쉬의 동작이 안 됨

원인 세척컵 브러쉬의 구동을 위한 접점 부위의 이물질 또는 뒤로 밀림으로 인한 접촉 불량으로 브러쉬가 동작하지 않아 세균수가 증가함

조치 브러쉬 접점 수리 조치. 이 문제해결을 위해 무선 세척컵을 로봇팔에 부착하는 방식으로 보완

사례 09 쥐 서식에 의한 배선 및 호스 손상

원인 및 조치 로봇착유실과 기계실에 쥐 출입으로 기계 배선과 각종 호스 손상
쥐 퇴치를 위한 구서작업 및 배선, 호스 등 상시 점검

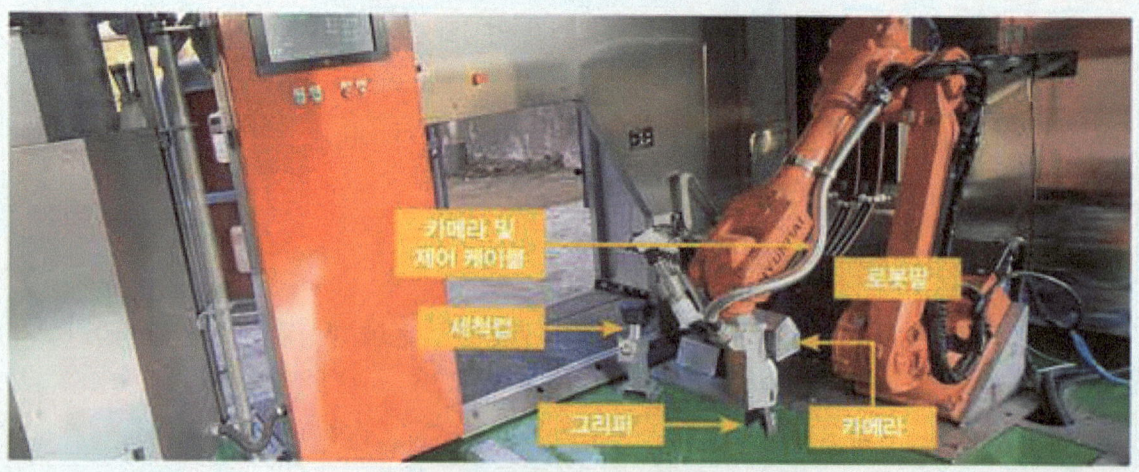

국산 로봇착유기 로봇팔 등 구성요소

Q47 기술적인 요인으로 인해 개선이 불가능한 결함요인이 있나요?

◎ 로봇팔의 축이 틀어지는 현상

이 현상은 로봇팔이 충격을 받았을 때 발생하는데, 현재 사용하는 로봇팔은 축 틀어짐을 자동으로 보정할 수 없는 상황이다. 이 문제를 개선하고자 2차 로봇팔 개발을 추진하고 있으며, 2025년 상반기 상용화를 목표로 하고 있다.

◎ 소 발길질에 착유컵이 떨어지거나 착유 라인이 밟히는 현상

국산 로봇착유기의 특성상 유두에 장착된 착유컵과 착유 라인이 소의 발 앞으로 늘어지는데, 소가 발길질하면 착유컵이 떨어지거나 착유 라인이 밟히는 경우가 발생한다. 이 문제는 가이드훅(착유라인 받침대)을 설치하여 감소되었다.

국산 로봇착유기 운영
Q&A

제4장
긴급 대응(A/S) 및 기타

1 국산 로봇착유기 안전

2 국산 로봇착유기 A/S 및 주요사례

3 국산 로봇착유기 유지·보수

4 국산 로봇착유기 교육 및 컨설팅

Q48
로봇착유기의 수명은 얼마나 되나요?

◎ 로봇착유기의 수명은 관리자의 관리상태와 유지보수에 따라 달라질 수 있으며 최소 15년 이상 사용이 가능하다.

Q49 기본 점검사항과 설치업체의 정기점검 주기는 어떻게 되나요?

✅ 착유기의 기본 점검 사항은 다음과 같으며, 주요 부품의 명칭, 위치 및 점검 방법은 착유 훈련 시 교육하고 있다.

착유라인 상태

항 목	점검주기	점검자
1. 라이너, 맥동호스 찢어짐	일	관리자
2. 착유라인 찢어짐(맥동)	일	관리자
3. 세척컵 브러쉬 청소 및 접점부 청소	일	관리자
4. 착유라인 호스 눌림 상태	일	관리자

제트(Z)컵, 로봇 그리퍼 상태

항 목	점검주기	점검자
1. Z컵 닫힘 정렬 상태	일	관리자
2. 로봇 카메라 오염상태	일	관리자
3. 그리퍼 흔들림 체크	격일	관리자
4. 그리퍼 컵잡기 상태	격일	관리자

착유기 내부

항 목	점검주기	점검자
1. 밀크펌프 하단 누유 여부	일	관리자
2. 집유항아리 위쪽 진공 연결관 오염 상태	주	업체
3. 배수통 우유 오염 상태(유리판 통해 확인)	주	업체
4. 진공펌프 오일러 오일 잔량	주	업체
5. 알칼리/산성 잔여량 체크	주	관리자

착유틀

항 목	점검주기	점검자
1. 체중계 정상 범위 동작 확인	주	업체
2. 대인 감지 센서를 눌러 LED 점등 확인	일	관리자
3. IR리더기 표면 상태	일	관리자
4. 급이조 청결 상태	일	관리자
5. 급이기 특대/대/중/소 이동 상태 확인	주	업체
6. 급이조 사료 내림 호스 찢어짐 여부	주	업체
7. 급이기 호퍼 모터 사료 넘침 상태	주	업체
8. 스크래퍼 동작 상태	주	업체
9. 입구/출구문 및 락커문 동작 상태	주	업체

듀얼필터/버퍼탱크

항 목	점검주기	점검자
1. 듀얼필터의 내부 고무 바킹 오염 상태(일)	일	관리자
2. 일 3회 필터 교체 여부	일	관리자
3. 버퍼 탱크 세척 상태(내부 표면 시각확인)	주	업체
4. 버퍼 탱크 세척볼 틈의 이물질 존재 여부	주	업체
5. 버퍼 탱크에서 냉각기 이동 직후 잔여 우유 상태	주	관리자

냉각기

항 목	점검주기	점검자
1. 온수기 세척수 온도 상태(냉각기 제어기에서 온도 확인)	주	관리자
2. 냉각기 세척용 알칼리/산성 잔여량	주	관리자
3. 집유항아리에서 냉각기까지의 송유 라인 누유 확인	주	업체

기타

항 목	점검주기	점검자
1. 에어콤프레셔 및 드라이어 유지보수 항목 누적시간 확인	1개월	업체
2. 착유 로봇 누적 시간 확인 및 그리스 주입 확인	3개월	업체
3. Z컵 그리스 주입 주기 확인	6개월	업체
4. 진공펌프 오일 상태 확인	6개월	업체

국산 로봇착유기 내부

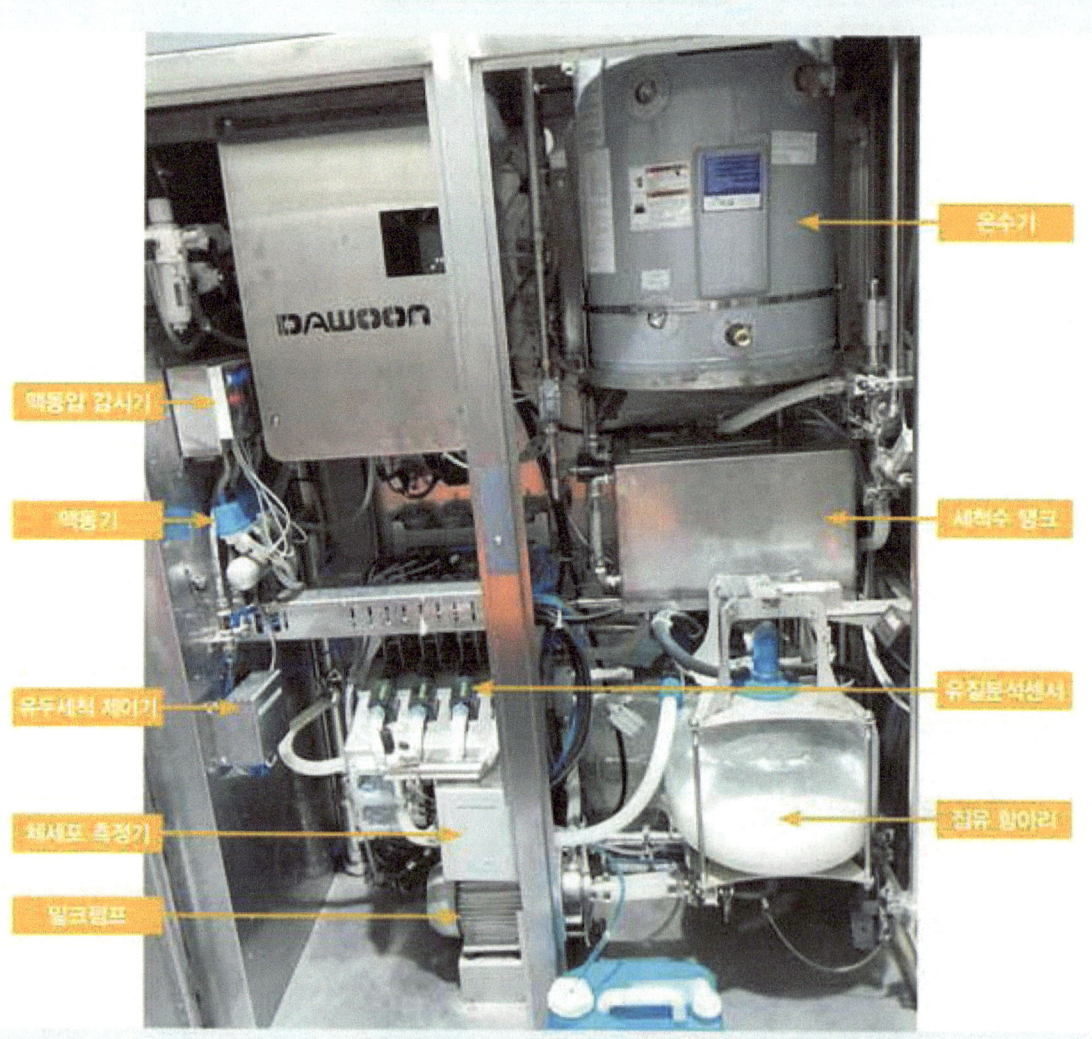

Q50 주요 소모품 및 교체주기는 어떻게 되나요?

✓ 로봇착유기의 주요 소모품 및 교체주기에 맞는 관리방법은 다음과 같다.

유지 보수 항목	비용(2023년 기준)
라이너	• 1조(라이너 4EA) : 5000회 착유 • 교환주기 : 약 40일 • 공급가액 : 미정
체세포 측정 시작	• 1통(20리터) : 체세포 검사 약 2600회 분 • 공급가액 : 26만원
우유 필터	• 1회 구매 필터 개수 250EA • 구매 주기 90일 • 공급가액 : 11만원
진공펌프 세정 오일	• 연 1회 • 공급가액 : 미정
진공펌프 윤활 오일	• 2년 1회 • 공급가액 : 미정
에어콤프레샤	• 에어필터, 오일 필터, 오일, 오일 세퍼레이터 • 교환주기 : 3,000시간 • 공급가액 : 미정
그리퍼 집개	• 교환주기 : 40,000회 착유 • 공급가액 : 미정
3구 밀킹 호스 및 착유 1구 호스	• 교환주기 : 2년 • 공급가액 : 미정
세척컵 브러쉬	• 교환주기 : 4,500회 착유 • 공급가액 : 미정
로봇 그리스 주입	• 교환주기 : 1년 • 공급가액 : 미정
제트컵 그리스 주입	• 교환주기 : 6개월 • 공급가액 : 미정

국산 로봇착유기 운영
Q&A

제4장
긴급 대응(A/S) 및 기타

1 국산 로봇착유기 안전

2 국산 로봇착유기 A/S 및 주요사례

3 국산 로봇착유기 유지·보수

4 국산 로봇착유기 교육 및 컨설팅

Q51
필요한 교육 및 컨설팅은 어디서 하나요?

✅ 국산 로봇착유기를 설치하는 농가는 국립축산과학원과 ㈜다운으로부터 필요한 교육 및 컨설팅을 받을 수 있다. 로봇착유기 운영에 필요한 농장주 교육은 현재 로봇착유의 시작과 함께 ㈜다운에서 실시하고 있다. 또한, 로봇착유기의 운용 후 월 1회 농가에 직접 방문이나 유선상으로 착유기 운용에 관한 애로사항을 접수하고 있다. 향후 ㈜다운은 로봇착유를 시작하기 전 농가 컨설팅을 계획하여 추진할 예정이다.

참고문헌

1. R. E. Pearson, L. A. Fulton, P. D. Thompson and J. W. Smith. 1979. Three times a day milking during the first half of lactation. J. Dairy Sci. 62:1941-1950.

2. Diana B. Allen, E. J. DePeters and R. C. Laben. 1986. Three times a day milking: Effects on milk production, reproductive efficiency and udder health. J.Dairy Sci. 69:1441-1446.

3. M. A. Barnes, R. E. Pearson and A. J. Lukes-Wilson. 1990. Effects of milking frequency and selection for milk yield on productive efficiency of Holstein cows. J. Dairy Sci. 73:1603-1611.

4. D. D. Gisi, E. J. DePeters and C. L. Pelissier. 1986. Three times daily milking of cows in California dairy herds. J. Dairy Sci. 69:863-868.

5. D. A. Poole. 1982. The effects of milking cows three times daily. Anim Prod. 34:197-201.

6. K. M. Svennersten-Sjaunja and G. Pettersson. 2008. Pros and cons of automatic milking in Europe. J. Anim Sci. 86:37-46.

7. Steven K. Tallam and Zhiguo Wu, New technologies for dairy operations: Milking frequency and photoperiod. www.das.psu.edu

8. T.A.M.Kruip, H.Morice, M.Robert, and W. Ouweltjes. 2002. Robotic milking and its effect on fertility and cell counts. J. Dairy Sci. 85:2576-2581.

9. J. Rodenburg and B. Wheeler. 2002. Strategies for incorporating robotic milking into North American herd management. Proc. First North Amer. Conf. on Robotic Milking. pp. 18-32.

10. A. Meijering, H. Hogeveen, and C. J. A. M. de Konig (Eds.). 2004. "Robotic milking and free fatty acids", Automatic milking - a better understanding: The International Symposium on Automatic Milking, Lelystad March 24-26, pp. 341-347.

11. L. Wiking, J. H. Nielsen, A-K Båvius, A. Edvardsson, K. Svennersten-Sjaunja. 2006. "Impact of milking frequencies on the level of free fatty acids in milk, fat globule size, and fatty acid composition." J. Dairy Sci. Interpretive Summary March. 89:1004-1009.

12. Miglior, F., Galesloot, P., Liu, Z., Mathevon, M., Rosati, A., Schaeffer, L. R., VanRaden, P. 2000. Report of the ICAR working group on lactation calculation methods: a daily yield lactation survey in dairy cattle. Performance recording of animals: state of the art. 273-274.

13. ICAR(International Committee for Animal Recording). 2003. Guidelines approved by the General Assembly held in Interlaken, Switzerland, on 30 May 2002, Roma, 19-39.

14. 기광석, 정영훈, 김윤호. 2010. 로봇착유기 이용자 가이드.

15. 이득환, 윤우정, 손지현, 박경도. 2014. 유우군 농장검전(자가검정) 기술 및 체계 개발.

16. 남기택, 박성민, 손용석. 2016. 자동착유시스템 설치 농장의 생산성 및 경영성과 실증 연구.

편집인	김상범, 최태정, 허태영, 임동현, 박성민, 박지후, 김언태, 김동현, 이지환, 유경림, 김찬란, 정무영, 정진영, 박현경, 김창한
편집기획	국립축산과학원 낙농과, 기술지원과

간편 핸드북

국산 로봇착유기 운영 Q&A

초판 인쇄 2024년 12월 18일
초판 발행 2024년 12월 21일

저   자 농촌진흥청 국립축산과학원
발행인 김갑용

발행처 진한엠앤비
주소 서울시 서대문구 독립문로 14길 66 205호(냉천동 260)
전화 02) 364 - 8491(대) / 팩스 02) 319 - 3537
홈페이지주소 http://www.jinhanbook.co.kr
등록번호 제25100-2016-000019호 (등록일자 : 1993년 05월 25일)
ⓒ2024 jinhan M&B INC, Printed in Korea

ISBN 979-11-290-5705-1 (93520)   [정가 10,000원]

☞ 이 책에 담긴 내용의 무단 전재 및 복제 행위를 금합니다.
☞ 잘못 만들어진 책자는 구입처에서 교환해 드립니다.
☞ 본 도서는 [공공데이터 제공 및 이용 활성화에 관한 법률]을 근거로 출판되었습니다.